누구나 알기 쉬운

대바늘 니트 사이즈 조정 핸드북

Contents

내비게이터

찍순이 선생님

작은 사이즈 대표.
뜨개에 관해서라면
뭐든지 맡겨줘!
취미는 뜨개 패션 체크와 연극 감상.

곰도리

큰 사이즈 대표. 뜨는 건
좋아하지만 기성 패턴은
사이즈가 맞지 않아 고민.
좋아하는 음식은 떡.

기본 스웨터

How to make P.58/P.12

세트인 슬리브와 라운드넥의 기본적인 스웨터.
무늬가 훌륭하게 균형을 이루면서 들어가 있어 사이즈를 조정하기 수월합니다.

디자인/바람공방 실/하마나카 소노모노 알파카 울 '병태'

보텀업 래글런 스웨터

How to make P.62/P.42

벌집·케이블·멍석무늬를 배치한 아란무늬 래글런 스웨터.
겨드랑이의 거싯을 이용해 사이즈를 조정하는 방법을 소개합니다.

디자인/바람공방 실/하마나카 아메리

톱다운 래글런 카디건

How to make | P.66/P.44

소매도 증감 없이 뜨고 길이도 내 맘대로 바꾸기 쉬운 심플한 카디건. 래글런선을 연장하는 방법과 여름 실로 바꿔 뜬 스와치(P.51)도 소개합니다.

디자인/오쿠즈미 레이코 실/DARUMA 긱

톱다운 둥근 요크 스웨터

How to make | P.70/P.46

비침무늬 사이의 모헤어 단에서 분산 늘림코를 해서 둥근 요크를 뜹니다.
P.17에서는 실을 바꿔 아동용 사이즈를 만드는 방법도 제안합니다.

디자인/오쿠즈미 레이코 제작/오미 요시에
실/퍼피 브리티시 에로이카, 유리카 모헤어

보텀업 둥근 요크 스웨터

How to make | P.74/P.48

남녀 공용의 로피풍 배색무늬 스웨터. 무늬 단위로 사이즈를 조정하는 방법을 소개합니다.

디자인/바람공방 실/퍼피 브리티시 에로이카

〈니트 마르셰 vol.26〉에서

사이즈 조정의 기초

원하는 사이즈 재는 법

뜨고 싶은 작품이 있어 패턴에서 지시하는 대로 떴는데 사이즈가 원작보다 작거나 큰 경우가 있습니다.
이럴 경우 사이즈를 조정해서 원하는 크기로 만들기 위해서는 먼저 내가 원하는 사이즈를 알아야 합니다.
가장 간단한 방법은 가지고 있는 스웨터 중 여유분과 사이즈가 가장 마음에 드는 옷을 골라
각 부분의 치수를 재는 것으로, 이것을 원하는 사이즈의 기준으로 삼습니다.

스웨터 각 부분의 명칭과 측정법

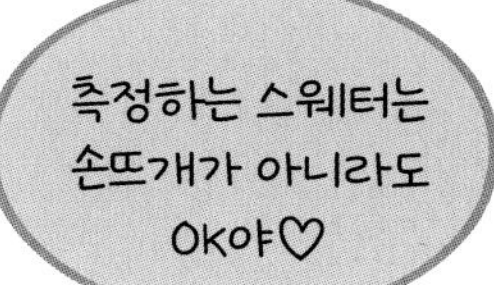

원하는 사이즈를 알기 위해 마음에 드는 옷에서 측정할 부분입니다.

● 가슴둘레…실제로는 품의 치수를 잽니다(품×2=가슴둘레).

● 옷기장…뒷목 밑동에서 밑단까지의 길이.
착장…뒤목둘레에서 밑단까지의 길이(래글런이나 둥근 요크에서 뒷목 밑동을 알기 어려울 때 사용한다).

● 어깨너비…한쪽 어깨 끝점에서 다른 쪽 어깨 끝점까지 길이를 잽니다.

● 소매길이…어깨 끝점에서 소맷부리까지 길이를 잽니다.

● 화장…목둘레 중심에서 소맷부리까지 길이를 잽니다(래글런 소매 등에서 어깨너비나 소매길이를 판단하기 어려울 때 사용한다).

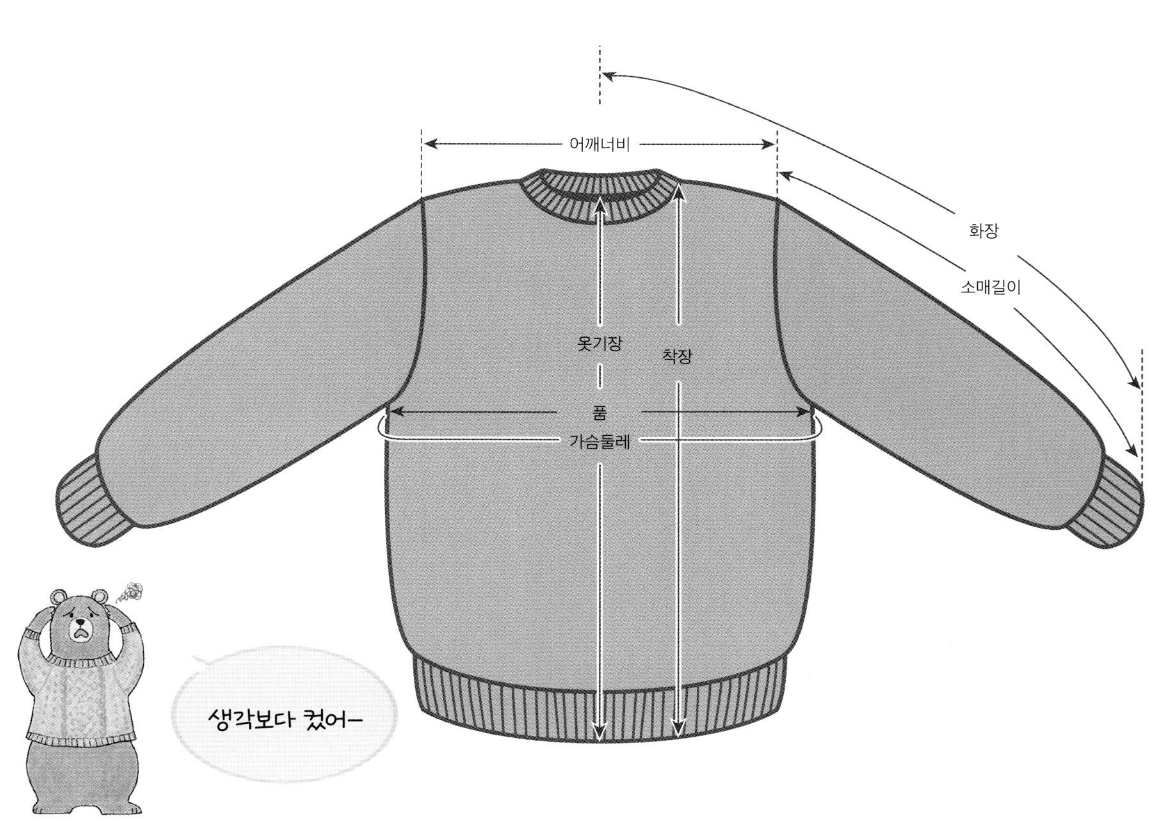

사이즈 조정할 때의 포인트

사이즈를 조정할 때 기본적으로 생각해야 할 점은 스웨터를 입었을 때 눈에 띄는 얼굴에 가까운 부분(위쪽·중심 부분)의 이미지·디자인을 될 수 있는 한 바꾸지 않고 전체(또는 일부) 사이즈를 바꾸는 것입니다. 가장 간단한 방법은 실은 그대로 두고 바늘 호수만 바꾸는 것입니다. 또 다른 방법은 바늘과 실을 바꾸는 것으로, 양쪽 모두 어떤 디자인에도 사용할 수 있습니다. 그러나 콧수나 단수를 바꿔 너비나 길이를 변경할 때는 되도록 제도의 복잡한 부분에 손대지 않고 사이즈를 바꿀 수 있는 디자인을 고르는 것도 포인트입니다.

눈에 띄는 곳을 바꾸지 않으면 전체 분위기는 달라지지 않는다

콧수와 단수를 바꿔 사이즈를 조정할 때는 위쪽·중심 부분은 그대로 두고 밑단·옆선 쪽에서 변경할 수 있도록 뜨개 시작 위치를 적절히 옮깁니다. 목부터 뜨는 톱다운이 사이즈를 조정하기 쉬운데, 변경하고 싶지 않은 부분부터 뜨기 시작해, 떠나가면서 후반에 조정할 수 있기 때문입니다.
이것을 응용해 밑단부터 뜨는 보텀업 스웨터를 뜰 때 (원래 작품을 뜨는 방법이 달라도) 별도 사슬로 기초코를 만들어 본체를 뜬 다음 고무뜨기를 떠 내려가는 방법으로 하면, 중간에 단수 게이지가 달라져도 나중에 고무뜨기 단수로 조정 가능합니다.

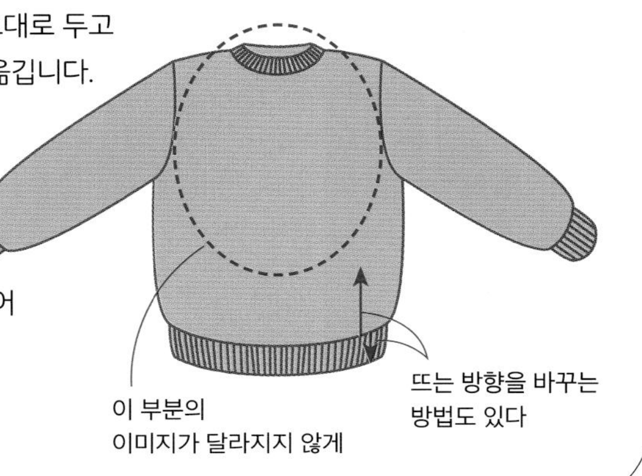

보텀업으로 뜰 때는
뜨기 전에
조정이 필요해!

사이즈를 조정하기 쉬운 디자인

- 뜨개 도안에 직선이 많다
  진동둘레·목둘레·소매산 등의 곡선을 변경하려면 제도 지식이 필요하므로 옆선·어깨 같은 직선 부분에서 변경합니다.
- 무늬가 적다(전체가 아니라 부분적으로 들어가 있다)
  무늬가 없는 곳(메리야스뜨기·멍석뜨기 등)에서 조정하는 것이 간단합니다.
- 무늬 단위가 작다(1무늬의 콧수와 단수가 적다)
  1무늬의 콧수와 단수가 적으면 무늬 수를 증감해도 전체적으로 크게 영향이 가지 않습니다.

어깨 경사는 없는 편이 간단
(어깨 경사가 있을 때는
P.40 참고)

무늬가 없는 곳에서
조정할 수 있다

옆선 쪽이 메리야스뜨기나
멍석뜨기라면 조정하기 쉽다

톱다운은 뜨면서 착장이나
소매길이·너비를 조정할 수 있다

먼저 '게이지'를 내자

어떤 방법으로 사이즈를 조정하든지 간에 우선 뜨려는 실로 게이지를 내는 작업이 필요합니다. 게이지란 뜨개코의 크기로, 10×10cm 안에 코가 몇 코, 몇 단이 있는지 측정한 것입니다. 패턴(작품 뜨는 법)에는 반드시 사용 바늘과 게이지가 표기되어 있고, 같은 실을 써서 같은 게이지로 뜨면 견본 작품과 같은 사이즈로 작품을 뜰 수 있습니다. 니터의 장력에 따라 같은 실과 바늘을 사용해도 게이지가 똑같이 나오지 않을 수 있으므로 먼저 자기의 게이지를 내서 원래 패턴의 게이지와 비교하며 사이즈 조정의 방향성을 정해갑니다.

게이지 내는 법

❶ 먼저 작품 게이지와 뜨개실 라벨에 적힌 표준 게이지를 참조해 스와치(견본 편물)의 콧수를 정합니다. 무늬가 1종류라면 가로세로 15cm 정도의 스와치가 되게, 라벨의 표준 게이지에 표기된 콧수×1.5~2배 이상으로 무늬를 끝내기 좋은 콧수로 합니다(교차무늬 등은 같은 콧수라도 메리야스뜨기보다 너비가 좁아지므로 콧수를 넉넉하게 한다). 패턴에 나오는 무늬가 여러 가지일 때는 필요한 무늬만큼 스와치를 뜹니다(이때 스와치도 무늬가 가로로 이어지면 가로로 이어 뜨고, 세로로 이어지면 세로로 이어 뜨면 좋다).

❷ 손가락에 실을 걸어서 필요한 콧수만큼 기초코를 만들어 스와치를 뜹니다. 단수는 편물이 정사각형이 되게 뜨거나, 그 이상의 무늬를 끝내기 좋은 단수까지 뜹니다.

라벨 보는 법

참고 사용 바늘	대바늘 6~8호 코바늘 6/0호
표준 게이지	대바늘 21~22코 · 26~27단 코바늘(한길 긴뜨기) 19코 8.5단

실 라벨에는 기재 호수의 바늘로 메리야스뜨기했을 때의 표준적인 게이지가 표기되어 있습니다.

❸ 다 뜨면 실을 적당한 길이(편물의 가로너비 이상)로 자른 뒤 돗바늘에 꿰어 대바늘에 걸린 코를 통과시키고 대바늘은 빼냅니다.

❹ 스팀다리미로 다려 코를 정돈합니다. 핀은 꽂지 않습니다.

❺ 자 또는 줄자를 대고 무늬마다 가로 10cm 안에 몇 코·세로 10cm 안에 몇 단이 있는지 셉니다. 작품에 따라서는 '1무늬 몇cm'라고 표기되어 있는 경우도 있습니다. 그때는 1무늬의 치수를 잽니다.

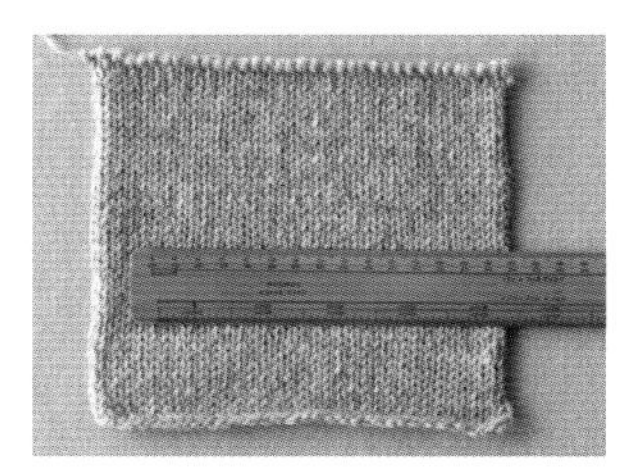

사이즈 조정의 방향성을 정하기 위한 준비

❶ 우선 자기의 게이지를 냅니다.

❷ 작품과 게이지가 같다면 ❹로, 다르다면 ❸으로.

❸ 자기의 게이지대로 뜨면 어느 정도의 사이즈가 될지 확인합니다(아래 내용 참고).

❹ 뜨고 싶은 작품 치수와 자신이 원하는 사이즈 어디에 차이가 있는지 확인합니다.

작품과 게이지가 다를 때 치수 내는 법(예)

❶ 뜨고 싶은 작품의 게이지는 10cm에 20코, 품은 48cm(96코)입니다.

❷ 게이지를 내보니, 뜨개 책의 작품과는 달라 10cm에 19코였습니다.

❸ 96코÷1.9코(1cm의 콧수)=50.52→50cm

이 게이지대로 원래 패턴의 콧수만큼 뜨면 품은 50cm가 됩니다.

사이즈 조정하는 법

기본 스웨터(P.4)를 토대로 설명합니다. 다른 형태의 스웨터는 P.42~49를 확인하세요.
자기의 게이지와 원하는 치수의 차이를 파악했다면 어디를 바꾸면 좋을지 생각해보세요.
품을 제도로 조정할 때는 소매 너비·어깨너비·목둘레 어딘가에 반드시 영향을 미칩니다.
어디와 연동하는 게 좋을지, 무늬에 따라서도 조정할 수 있는 곳이 달라집니다.
무늬뜨기일 때는 P.28~35도 참고하세요.

제도는 바꾸지 않는다

전체를 크게(작게)

⇒ 오른쪽 페이지 위로

제도를 바꾼다

착장·소매길이를 길게(짧게)

⇒ P.18

품을 크게(작게)

⇒ 오른쪽 페이지 위로

어깨의 두께=소매 너비와 옷기장

⇒ P.26

제도를 바꿀 때의 이미지

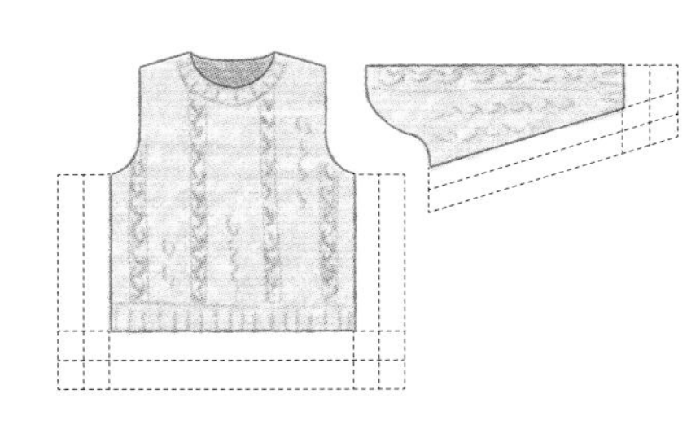

S 사이즈(좁게·짧게)

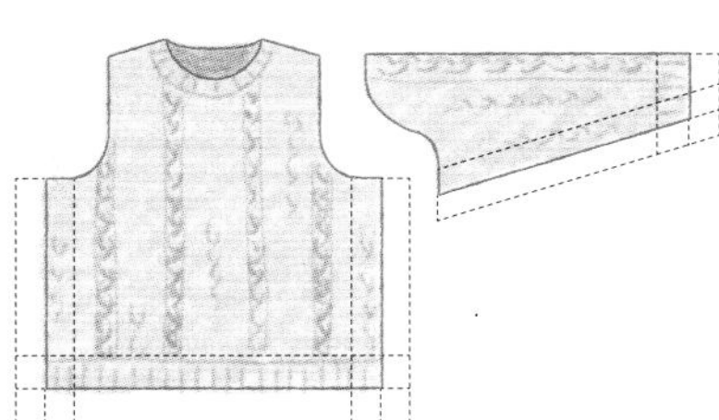

M 사이즈

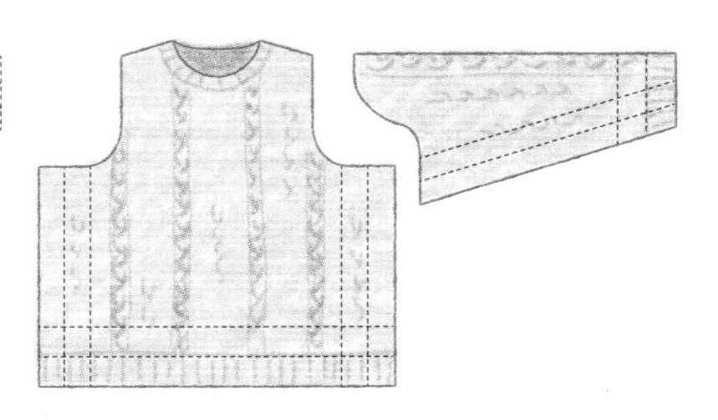

L 사이즈(넓게·길게)

전체를 크게(작게) 바꾸고 싶을 때

전체 사이즈를 바꿀 때는 먼저 대바늘 호수로 조정해보세요. 원래 크기에서 ±10% 이내라면
이 방법으로 거의 해결됩니다. 그 이상 조정해야 할 때는 실을 바꾸는 방법이 간단합니다.
선택하는 실에 따라 이미지는 달라지지만 실을 합사하는 방법도 활용하면 얼마든지 전체 사이즈를 바꿀 수 있습니다.
실을 바꾸고 싶지 않을 때는 제도의 일부를 바꿔 치수를 바꾸는 방법이 있습니다.

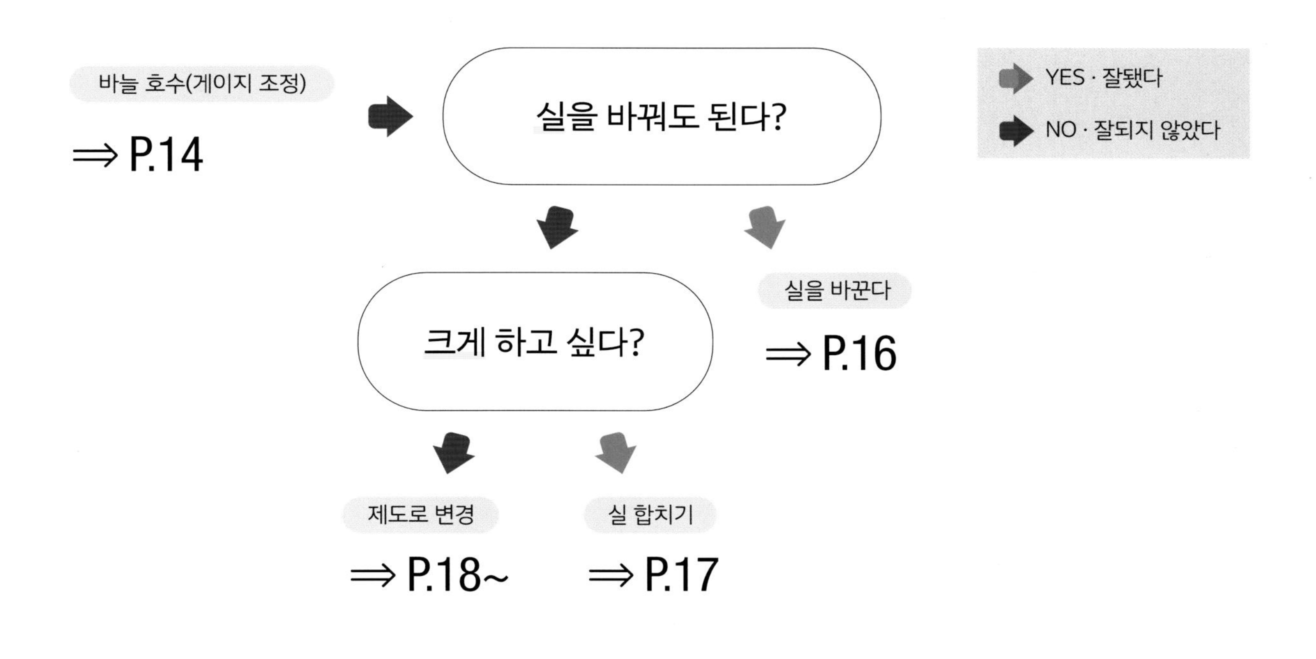

품을 크게(작게) 바꾸고 싶을 때

너비를 바꿀 때 생각할 수 있는 변경 위치는 3곳이 있으며
무늬 위치 등에 따라서도 하기 쉬운 방법이 달라집니다.
각각을 조합해서 생각할 수도 있습니다.
1곳당 조정할 수 있는 것은 최대 2cm이지만, 조합하면 10cm 정도까지 조정할 수 있습니다.

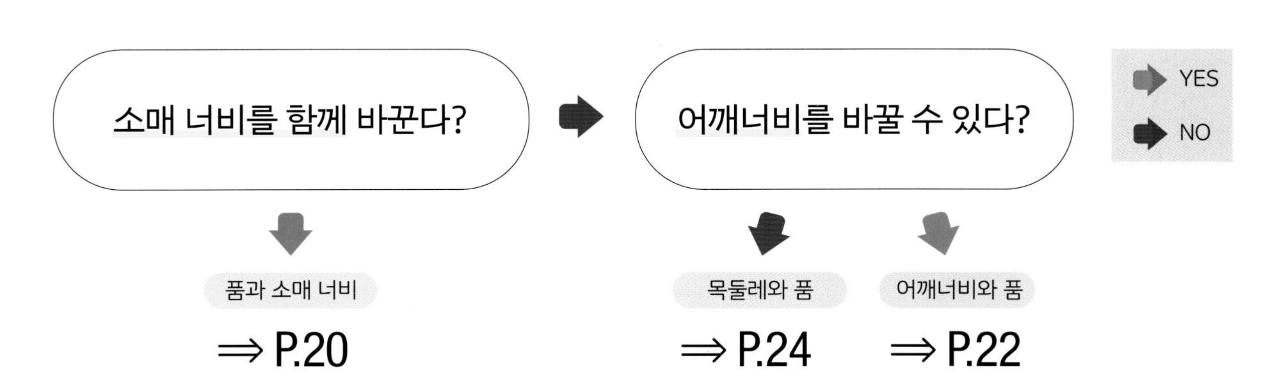

게이지를 조정해 전체를 바꾼다

step 1 바늘로 바꾼다

니터의 장력에 따라 다소 오차는 있지만, 같은 실로 뜰 때 대바늘 굵기가 1호 굵어(가늘어)지면 편물 사이즈가 약 5% 커(작아)집니다. 2호를 바꾸면 사이즈가 약 10% 달라집니다.
이것을 기준으로 바늘 굵기를 조정합니다. 실에 비해 너무 굵은 바늘로 뜨면 편물이 성글어지고, 너무 가는 바늘로 뜨면 편물이 단단해집니다. 실의 질감을 살리기 위해서라도 조정하는 바늘 굵기는 ±2호까지로 합니다.

원래 패턴의 품이 □ cm라면 바늘을 1호/2호 바꾸면 조정 후 품은

(1호) □ cm ± □ cm × 0.05 = □ cm

(2호) □ cm ± □ cm × 0.1 = □ cm가 될 예정입니다.

□에 품의 치수를 넣어봐!

❶ □에 숫자를 넣어서 조정한 몸판으로 괜찮을 것 같으면 실제로 게이지를 내봅니다.

※ 여름 실과 모헤어 등 실에 따라서는 변화의 비율이 들어맞지 않을 수도 있습니다.
계산대로 아니면 그에 가까운 게이지로 떠지고 질감도 괜찮으면 그 바늘로 작품을 떠보세요.

❷ 생각한 게이지가 되지 않았을 때는 바늘을 1호 더 바꿔봅니다.

❸ 이 방법으로 잘되지 않았을 때는 다른 방법을 시도해보세요. → P.16~

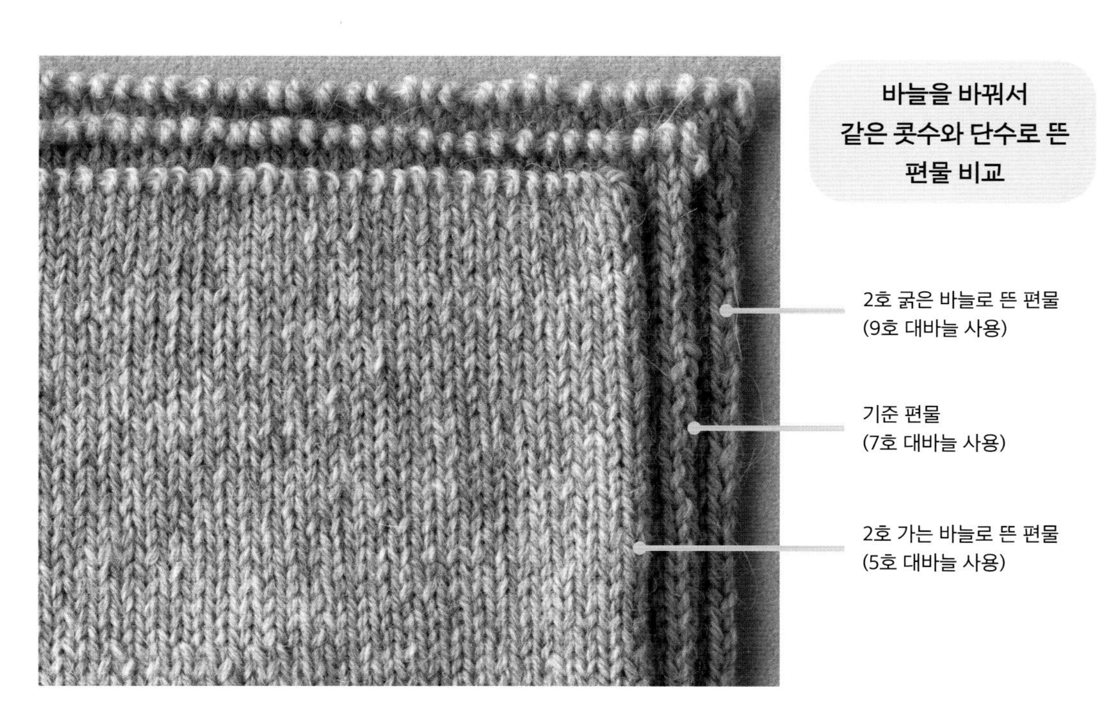

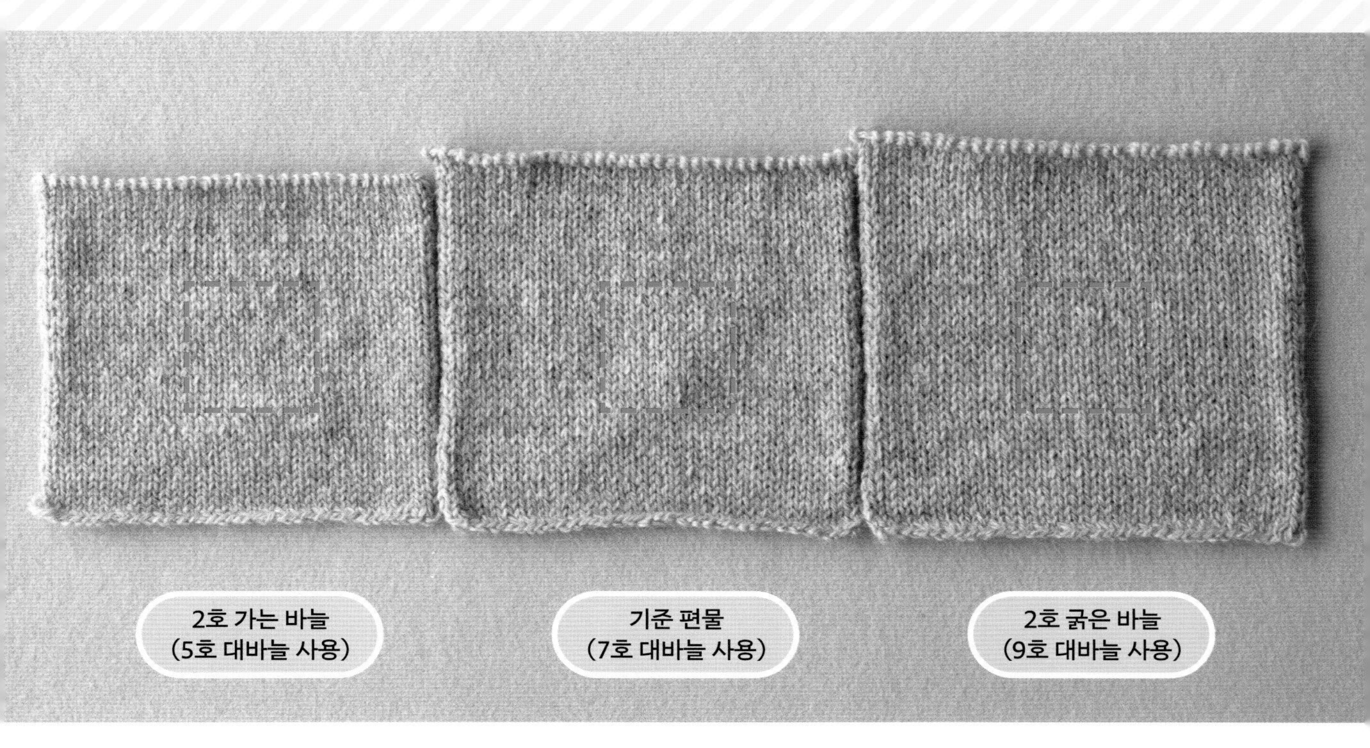

실물 크기의 편물

뜨개바늘을 바꾸면 코의 크기가 달라집니다. 작은 편물에서는 그 차이는 적지만,
기준 게이지가 스웨터 M 사이즈라면 바늘이 2호 가늘어졌을 때 10% 작아져 S 사이즈,
2호 굵어졌을 때 10% 커져서 L 사이즈 정도가 됩니다.

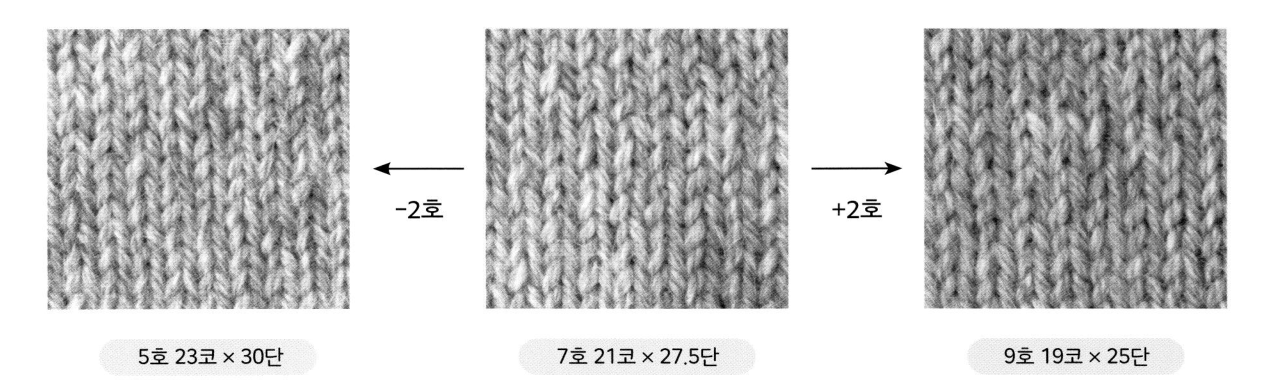

완성 크기가 달라지면 실 사용량도 달라집니다.

실 종류나 뜨는 방법 등에 따라서도 달라지지만, 스웨터 1벌의 경우

〈 1호 / 2호 〉바꾸면 대체로 〈 10 / 20 〉%,

1볼 40g 정도라면 실타래 〈 1 / 2 〉개 정도 많아(적어)집니다.

다양한 실을 사용해 같은 콧수와 단수로 뜬 실물 크기의 편물

실은 모두 하마나카

소노모노
알파카 울
(10호 대바늘 사용)

아메리 엘 '극태'(13호 대바늘 사용)

익시드 울 '합태'(5호 대바늘 사용)

아메리(7호 대바늘 사용)

아란 트위드(8호 대바늘 사용)

코로폭쿠루(3호 대바늘 사용)

하마나카 순모 중세
(3호 대바늘 사용)

아메리 에프 '합태'
(5호 대바늘 사용)

같은 실을 사용해서 바늘 호수로 사이즈를 조정하기에는 한계가 있으므로 사이즈를 더 많이 바꾸려면 실 굵기를 바꿉니다. 같은 도안으로 사용하는 실을 바꾸면 실 굵기에 따라 선택하는 바늘도 달라져 게이지가 바뀌고 완성 사이즈 또한 바뀝니다. 같은 바늘을 써도 실에 따라 게이지가 달라지고, 콧수와 단수의 밸런스가 똑같이 변한다고는 할 수 없으므로 꼭 게이지를 내서 확인합니다.

또한 원래 패턴과 같은 실이나 갖고 있는 실에 극세 모헤어 등의 가는 실을 합쳐서 조정하는 것도 가능합니다. 이 경우 작게는 하지 못하지만 약간만 크게 하고 싶을 때는 편리한 방법입니다. 사용하는 실 굵기나 합치는 실 가닥수를 바꿔서, 같은 도안으로 전체 크기를 바꾸는 데 유효합니다.

합치는 모헤어 가닥수를 바꿔 변화를 비교

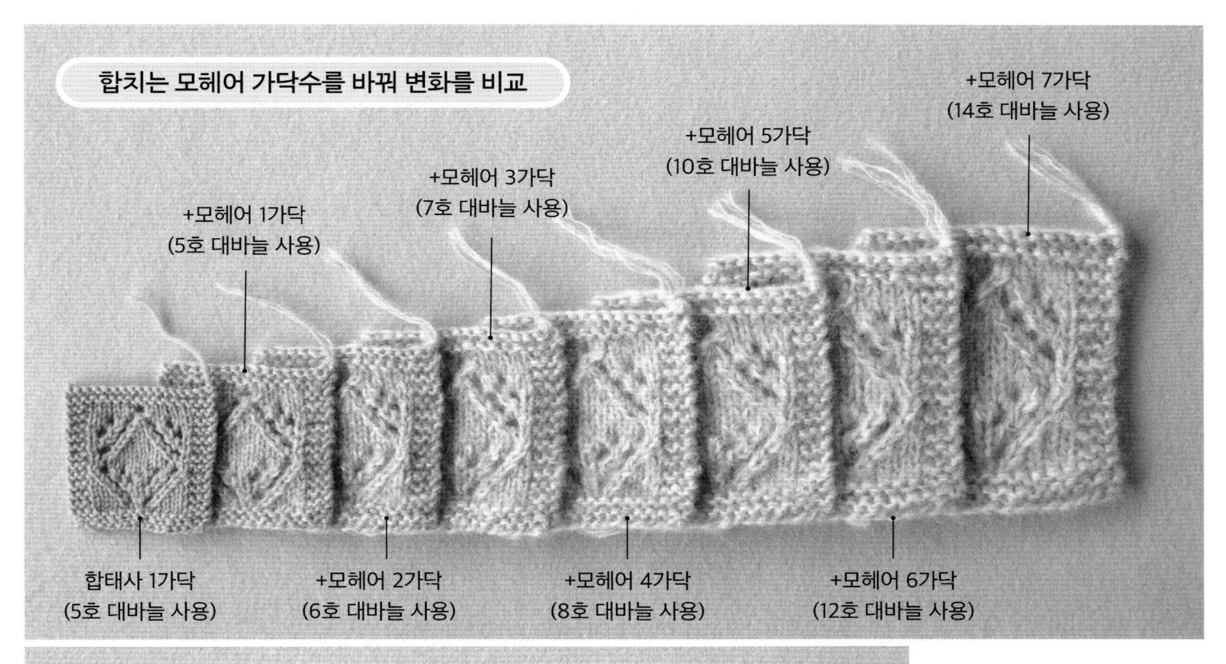

P.7 작품을 다른 굵기의 실로 뜬 스와치

실제 작품의 스와치를 실을 바꿔서 떴습니다.
2호로 뜨기 알맞은 가는 실을 사용해 같은 도안으로 뜨면 아이 사이즈가 됩니다(P.70).

실 변경(아이 140 사이즈)
퍼피 셰틀랜드, 키드 모헤어 파인(2가닥)
(4호 대바늘 사용)

원래 작품(여성 M 사이즈)
퍼피 브리티시 에로이카,
유리카 모헤어(6호 대바늘 사용)

제도로 바꾼다

길이를 바꾼다

실과 바늘은 바꾸지 않고 제도로 사이즈를 바꾸면 부분마다 조정할 수 있습니다.
길이 변경은 밑단·소맷부리에서 조정합니다. 키가 크거나(작거나) 취향대로 길이를 조정하고 싶을 때 응용할 수 있습니다. 도안의 곡선 부분을 변경하려면 제도에 관한 지식이 필요하지만, 착장과 소매길이 등의 직선과 사선 부분에서 조정하는 것은 간단합니다. 일반적인 형태에 ±3cm 정도까지라면 소매 밑선 같은 사선의 계산을 다시 하지 않고 소맷부리 쪽 평평한 부분에서 단순하게 단수를 바꾸는 것만으로 문제없습니다.

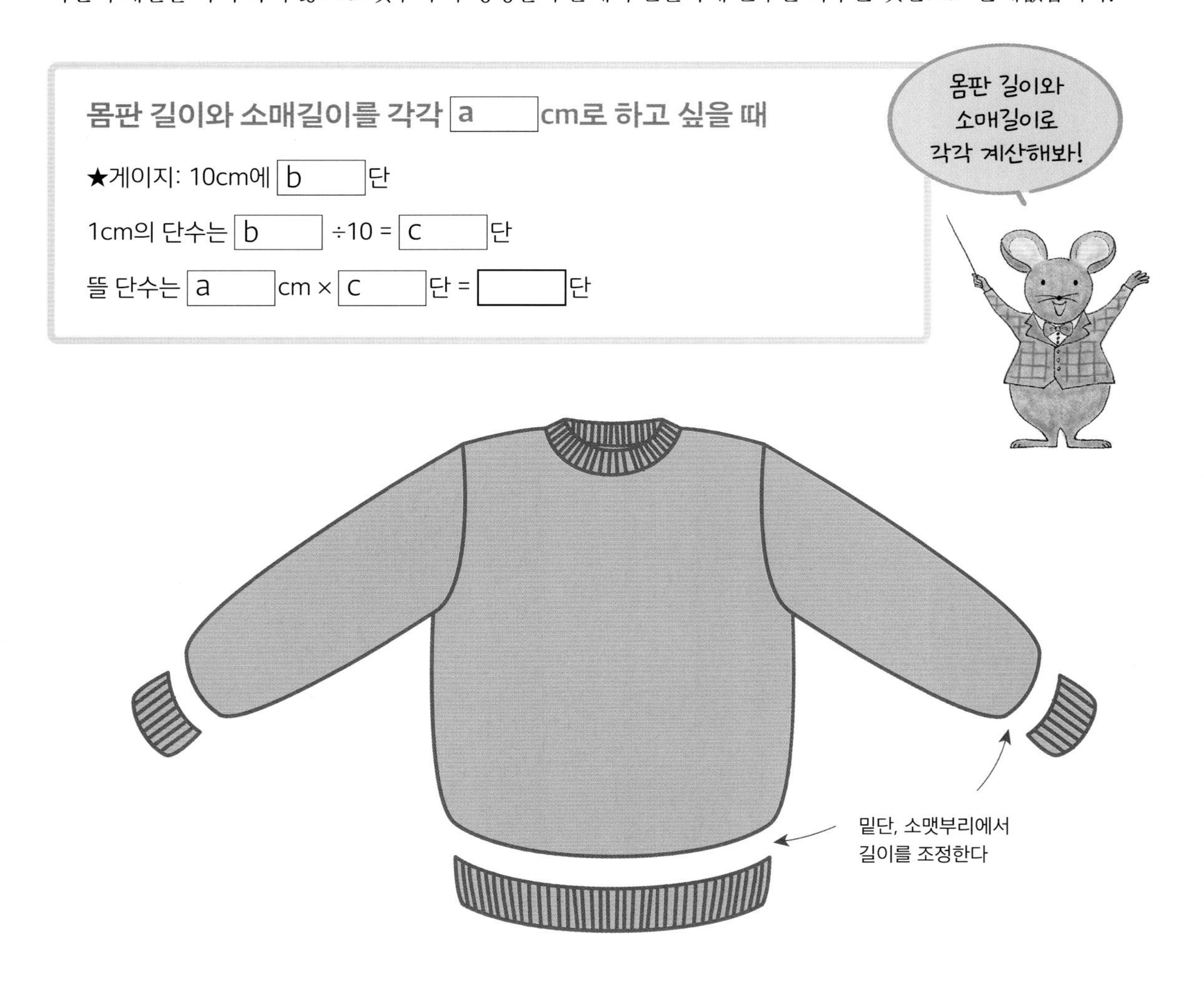

예)기본 스웨터 M 사이즈의 몸판 길이를 2cm, 소매길이를 2cm 더하는 경우

기본 스웨터(P.4)의
메리야스뜨기 게이지(10×10cm): 22코×28.5단

몸판 길이 계산
몸판 옆선 길이를 2cm 늘인다(32cm+2cm=34cm)
34cm×2.85단(1cm의 단수)=96.9→96단
※원래 단수가 짝수이니 짝수로 조정한다.

소매길이 계산
소매 밑선 길이를 2cm 늘인다(36.5cm+2cm=38.5cm)
38.5cm×2.85단(1cm의 단수)=109.725→110단
※원래 단수가 짝수이니 짝수로 조정한다.

도안에서 변경하는 부분

앞뒤 몸판

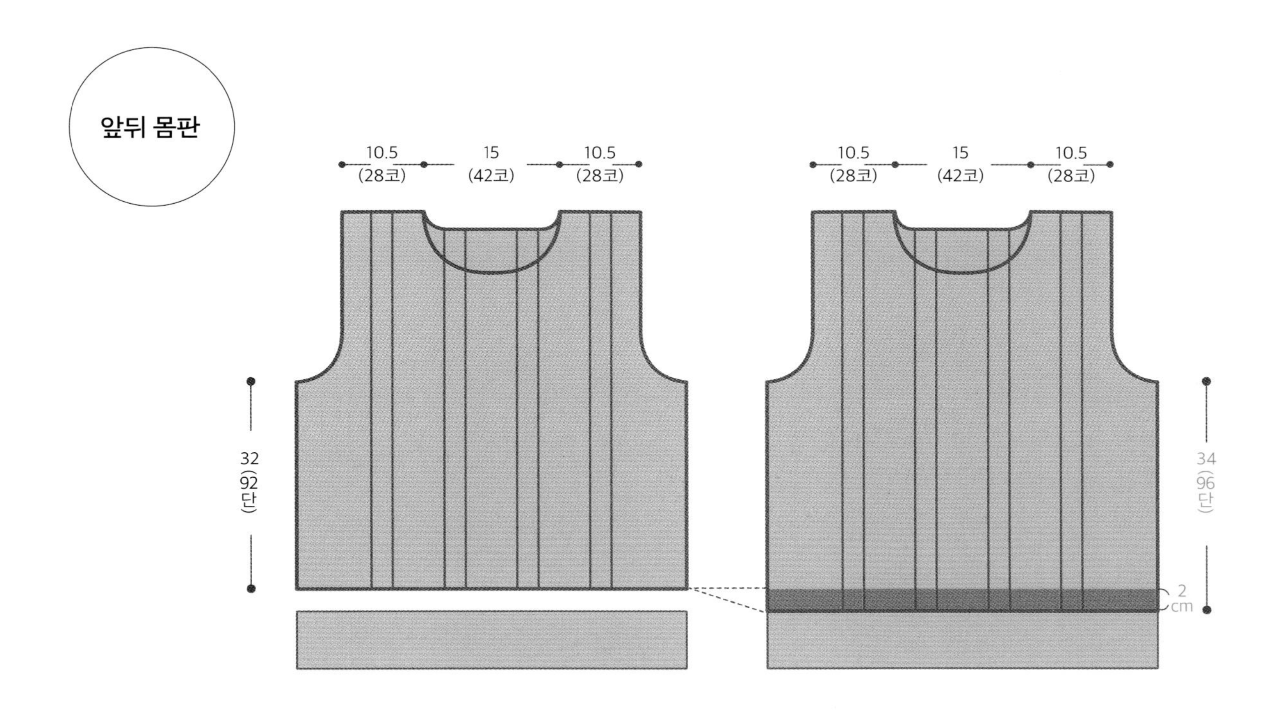

소매

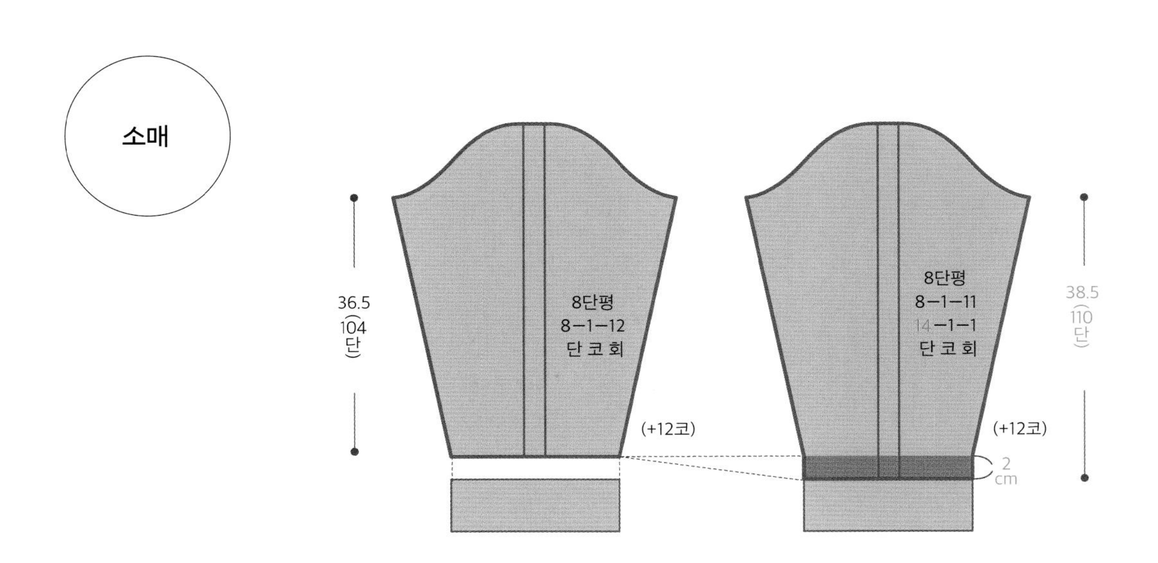

소매 밑선을 균등하게 코를 늘려 직선으로 잇고 싶을 때는 계산을 합니다 ⟹ P.38

너비를 바꾼다 ❶ 품과 소매 너비

너비 변경은 진동둘레·목둘레·소매산 같은 곡선 부분은 그대로 두고 직선 부분에서 하는 것이 간단합니다.
우선 가장 눈에 띄지 않는 품의 옆선에서 조정하는 방법입니다. 이때 품의 증감과 연동해
소매 너비도 똑같이 증감합니다. 진동둘레의 첫 번째 코를 덮어씌우는 부분에서 조정하므로
좁힐 때는 첫 번째 덮어씌우는 콧수의 절반 정도까지, 넓힐 때는 최대 좌우 2cm씩까지만 조정합니다.

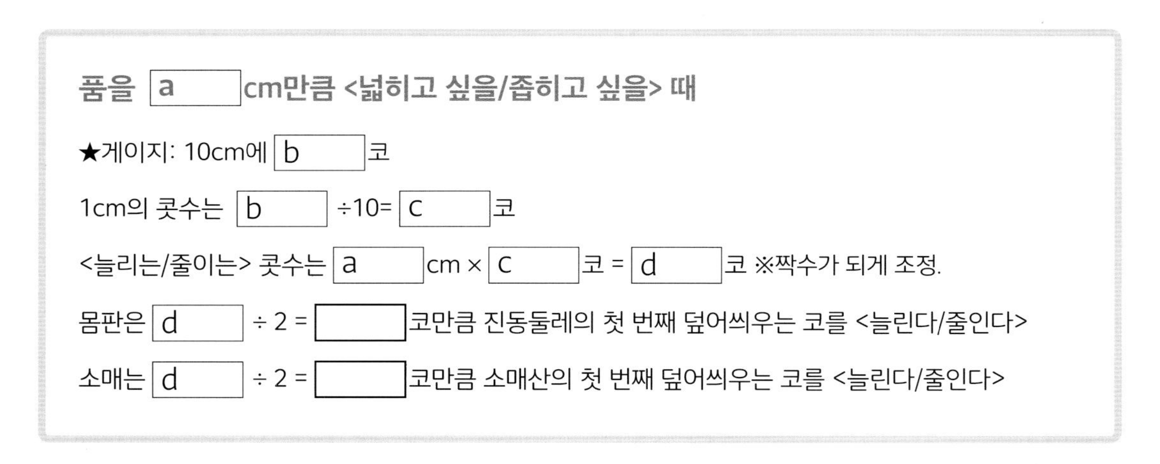

품을 [a] cm만큼 <넓히고 싶을/좁히고 싶을> 때

★게이지: 10cm에 [b] 코

1cm의 콧수는 [b] ÷10= [c] 코

<늘리는/줄이는> 콧수는 [a] cm × [c] 코 = [d] 코 ※짝수가 되게 조정.

몸판은 [d] ÷ 2 = [ ] 코만큼 진동둘레의 첫 번째 덮어씌우는 코를 <늘린다/줄인다>

소매는 [d] ÷ 2 = [ ] 코만큼 소매산의 첫 번째 덮어씌우는 코를 <늘린다/줄인다>

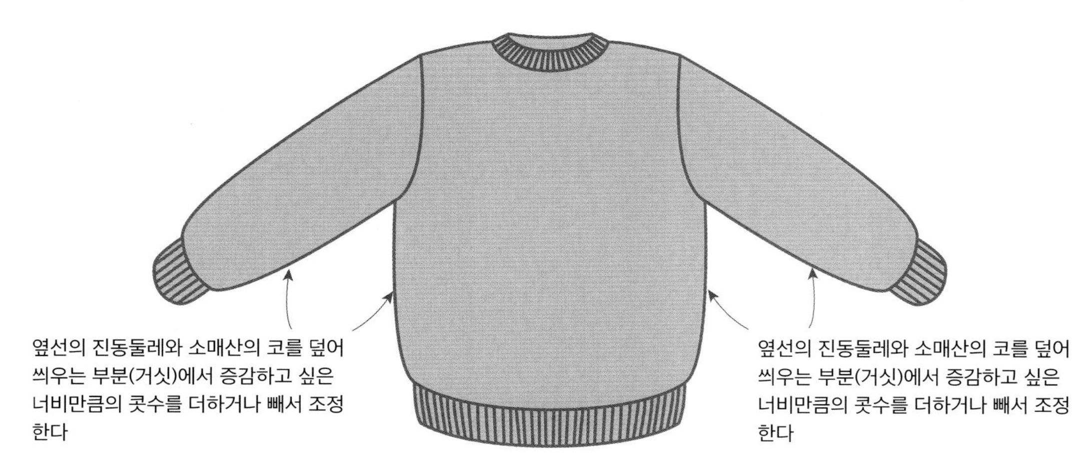

예)기본 스웨터 M 사이즈의 몸판과 소매 너비를 4cm 더하는 경우

기본 스웨터(P.4)의
메리야스뜨기 게이지(10×10cm): 22코×28.5단

품 계산

몸판 옆선 너비를 4cm 넓힌다(48cm+4cm=52cm)
무늬가 들어가 있으므로 늘리는 것은 옆선 메리야스뜨기 부분 좌우 2cm씩(4cm를 좌우로 나눈다)
2cm×2.2코(1cm의 콧수)=4.4→4코
품 48cm(126코)+2cm(4코)+2cm(4코)=52cm(134코)
※고무뜨기는 늘린 8코를 그대로 늘리므로 118코+8코=126코.

소매 너비 계산

소매를 다는 부분의 길이가 변경되었으니 그만큼 소매 너비도 똑같이 변경해야 한다. 몸판 옆선에서 더한 좌우 2cm(4코)씩을 소매 밑선의 평평한 부분에 더한다.
23.5cm(56코)+2cm(4코)+2cm(4코)=27.5cm(64코)
※고무뜨기는 늘린 8코를 그대로 늘리므로 54코+8코=62코.

도안에서 변경하는 부분

앞뒤 몸판

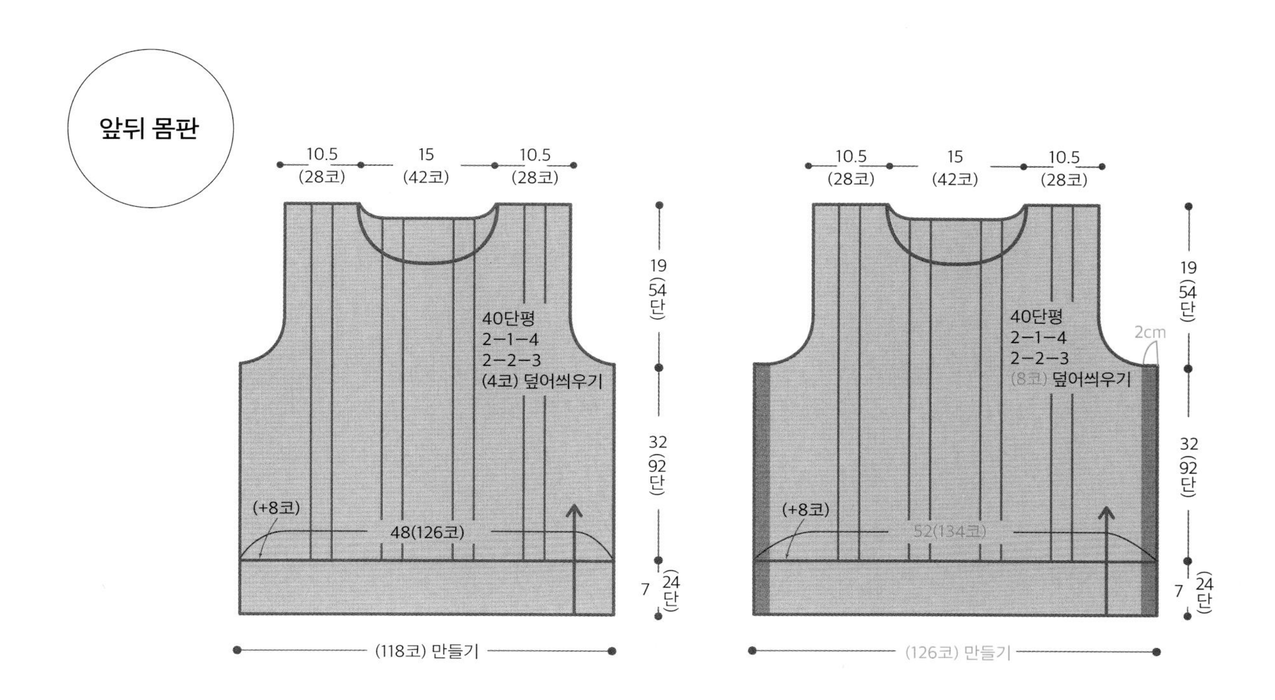

소매

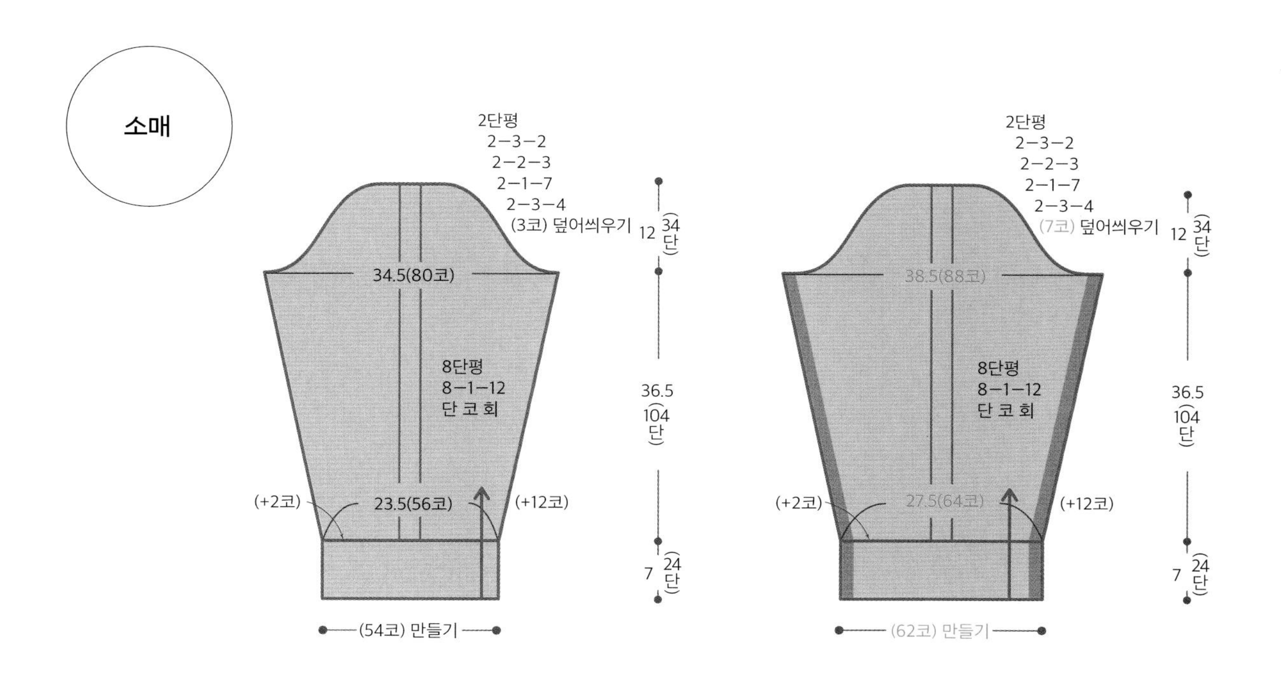

너비를 바꾼다 ❷ 어깨너비와 품

어깨너비 부분에서 조정하는 방법입니다. 무늬에 영향이 없고 어깨 경사가 없을 때는 간단합니다.
어깨 경사가 있을 때는 계산(P.40)을 합니다. 한쪽당 최대 2cm씩까지만 조정합니다.

어깨 경사가 없을 때는 그대로 어깨너비의 콧수를 <늘립/줄입>니다. 어깨 경사가 있을 때는 계산(P.40)을 합니다. 어깨너비를 <크게/작게> 하면 그만큼 품이 <커/작아>지므로 몸판 기초코 콧수를 <늘립/줄입>니다. 무늬에 따라서는 어깨너비만으로 조정하지 않고 목둘레(P.24)나 옆선(P.20)에 분산해 조정합니다.

<무늬뜨기일 때> P.28 참고

자잘한 무늬일 때는 반복하는 무늬 수를 <많이/적게> 하거나, 조정한 콧수에 맞춰 무늬가 대칭으로 들어가게 뜨개 시작 위치를 변경합니다. 무늬가 길쭉할 때는 무늬 자체의 콧수를 바꾸는 방법(P.30~)도 검토할 수 있습니다. 무늬가 크거나 구성이 촘촘해 콧수를 바꾸면 전체 디자인이 망가질 경우에는 적합하지 않습니다.

예)기본 스웨터 M 사이즈의 몸판 너비를 4cm 더하는 경우

품 계산

기본 스웨터(P.4)의 메리야스뜨기 게이지(10×10cm): 22코×28.5단
무늬가 들어가 있으므로 늘리는 것은 어깨 메리야스뜨기 부분
좌우 2cm씩(4cm를 좌우로 나눈다)
2cm×2.2코(1cm의 콧수)=4.4→4코
어깨너비 10.5cm(28코)+2cm(4코)=12.5cm(32코)…한쪽 분량
품 48cm(126코)+2cm(4코)+2cm(4코)=52cm(134코)
※고무뜨기는 늘린 8코를 그대로 늘리므로 118코+8코=126코.

도안에서 변경하는 부분

앞뒤 몸판

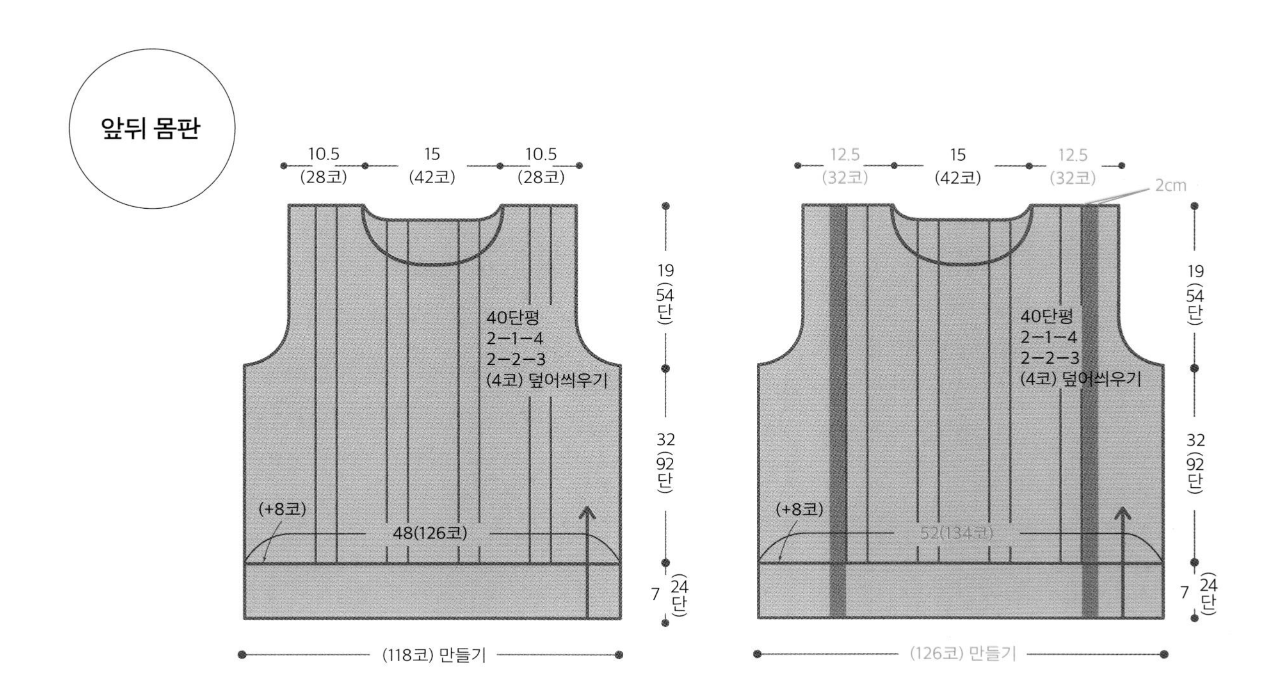

소매

● 소매는 변경 없음!

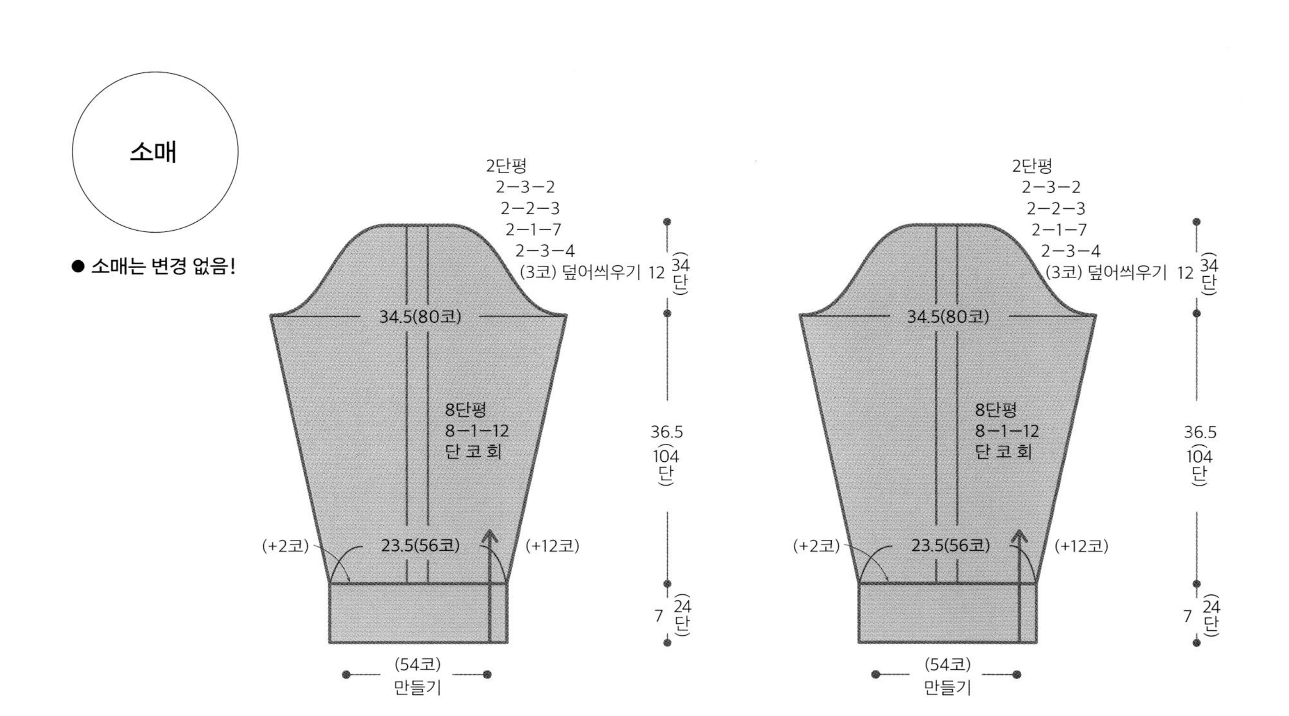

너비를 바꾼다 ❸ 목둘레와 품

몸판 중심에서 조정하는 방법입니다. 라운드넥 중심의 코를 덮어씌우는 부분에서 조정하는 방법으로
목둘레 곡선·목둘레 길이는 원래 패턴대로 뜹니다. 브이넥 디자인에는 응용할 수 없습니다.
좁힐 때는 1cm까지, 넓힐 때는 2cm까지만 조정합니다.

목둘레는 중심의 코를 덮어씌우는 부분의 콧수를 <늘립/줄입>니다. 목둘레를 <크게/작게> 하면
그만큼 품이 <커/작아>지므로 몸판 기초코 콧수를 <늘립/줄입>니다. 무늬에 따라서는 어깨너비(P.22)나
옆선(P.20)에 분산해 조정합니다.

<무늬뜨기일 때>
P.22와 같은 방식입니다.

예)기본 스웨터 M 사이즈의 몸판 너비를 2cm 더하는 경우

품 계산
기본 스웨터(P.4)의 메리야스뜨기 게이지(10×10cm): 22코×28.5단
무늬가 들어가 있으므로 늘리는 것은 몸판 중심 메리야스뜨기의 코를
덮어씌우는 부분 2cm
2cm×2.2코(1cm의 콧수)=4.4→4코
목둘레 너비 15cm(42코)+2cm(4코)=17cm(46코)
품 48cm(126코)+2cm(4코)=50cm(130코)

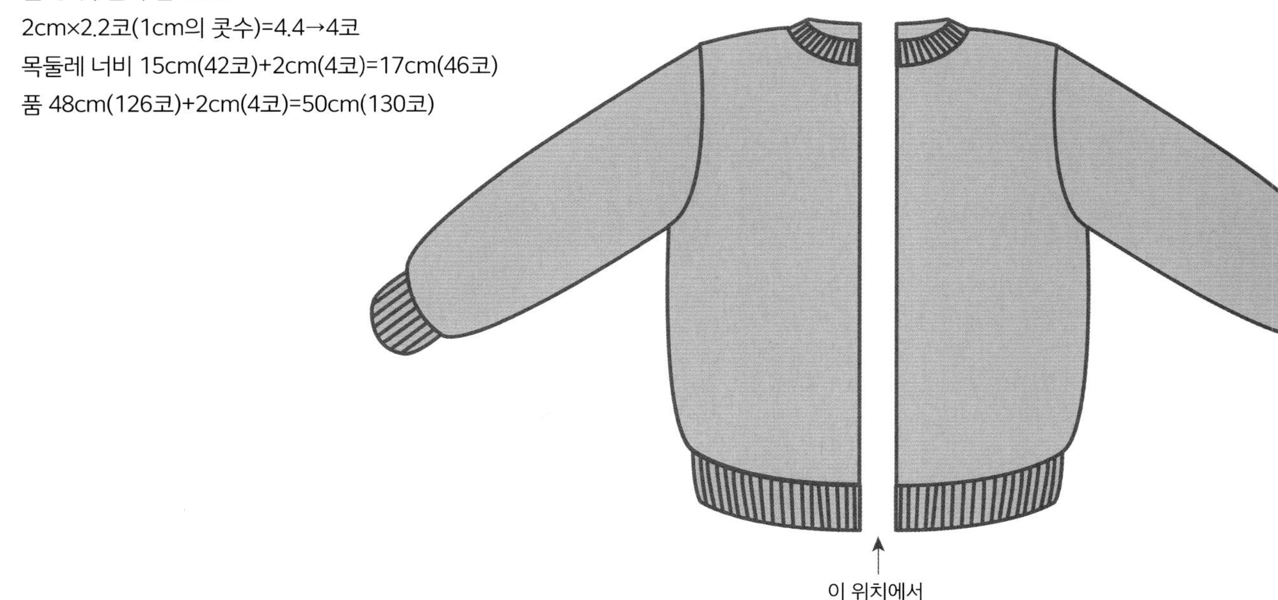

※고무뜨기는 늘린 4코를 그대로 늘리므로
밑단 고무뜨기…118코+4코=122코
목둘레 고무뜨기…앞판에서 56코+4코=60코, 뒤판에서 40코+4코=44코

도안에서 변경하는 부분

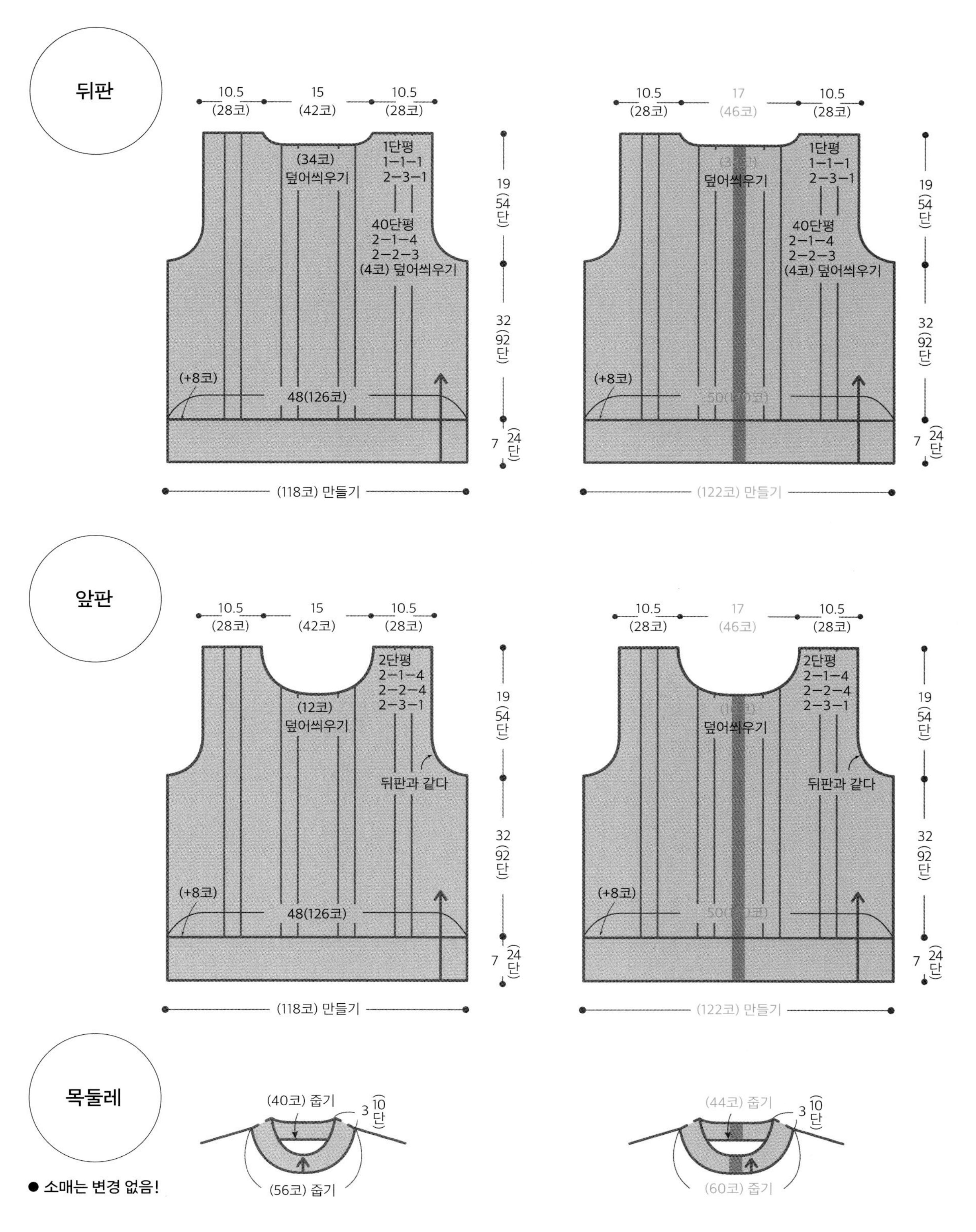

뒤판
10.5
(28코)
15
(42코)
10.5
(28코)
(34코)
덮어씌우기
1단평
1-1-1
2-3-1
40단평
2-1-4
2-2-3
(4코) 덮어씌우기
19
(54단)
32
(92단)
7
(24단)
(+8코)
48(126코)
(118코) 만들기
10.5
(28코)
17
(46코)
10.5
(28코)
덮어씌우기
1단평
1-1-1
2-3-1
40단평
2-1-4
2-2-3
(4코) 덮어씌우기
19
(54단)
32
(92단)
7
(24단)
(+8코)
(122코) 만들기
앞판
10.5
(28코)
15
(42코)
10.5
(28코)
2단평
2-1-4
2-2-4
2-3-1
(12코)
덮어씌우기
뒤판과 같다
19
(54단)
32
(92단)
7
(24단)
(+8코)
48(126코)
(118코) 만들기
10.5
(28코)
17
(46코)
10.5
(28코)
2단평
2-1-4
2-2-4
2-3-1
덮어씌우기
뒤판과 같다
19
(54단)
32
(92단)
7
(24단)
(+8코)
(122코) 만들기
목둘레
(40코) 줍기
3 (10단)
(56코) 줍기
(44코) 줍기
3 (10단)
(60코) 줍기
● 소매는 변경 없음!

몸의 두께분 **소매 너비와 옷기장**

몸의 두께분을 조정하고 싶을 때는 소매 중심에서 소매 너비의 콧수를 조정하고
그 조정분을 몸판에 반영합니다. 목둘레에 영향을 미치지 않는 앞뒤 몸판 진동둘레의 평평한 부분에서
각각 소매 너비 조정분의 절반씩을 조정합니다. 그만큼 옷기장이 달라집니다.
소매는 콧수, 몸판은 단수가 변경되니 주의합니다. 소매 너비에서는 최대 2cm까지 조정합니다.

소매산 중심의 평평한 부분의 콧수를 <늘립/줄입>니다. 앞뒤 몸판 진동둘레의 평평한 부분에서
소매에서 넓힌 너비의 절반 치수만큼 옷기장의 단수를 <늘립/줄입>니다.

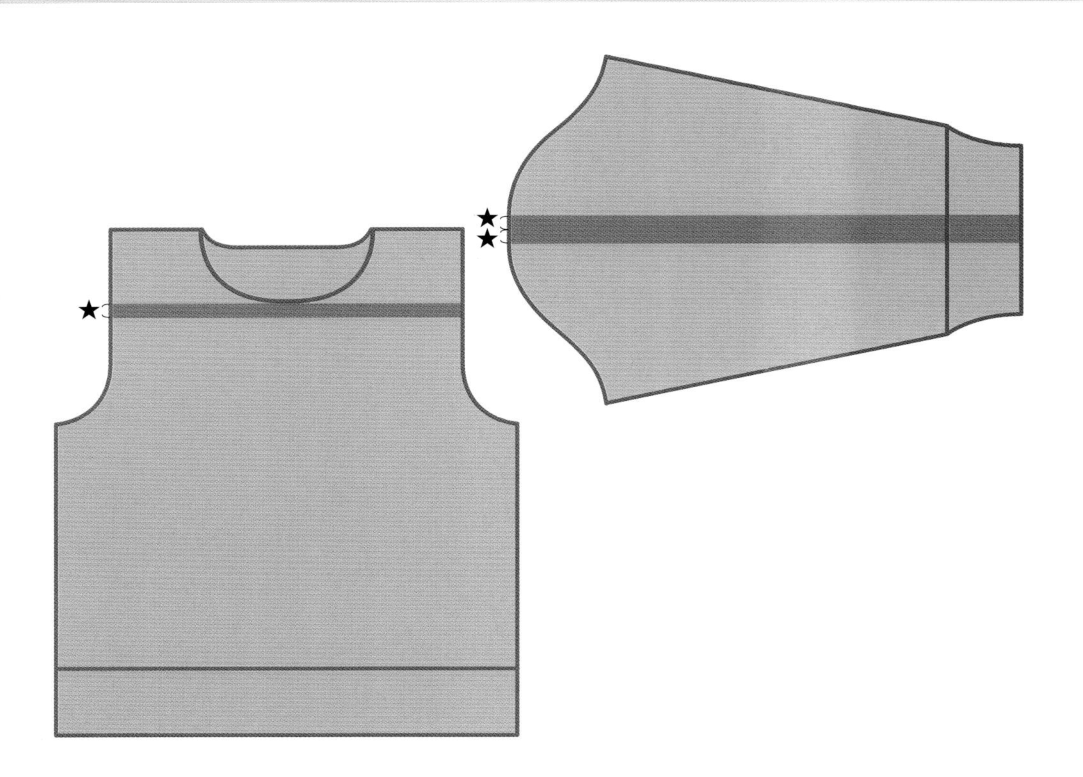

예)기본 스웨터 M 사이즈의 소매 너비를 2cm 더하는 경우

기본 스웨터(P.4)의
메리야스뜨기 게이지(10×10cm): 22코×28.5단

소매 너비 계산

무늬가 들어가 있으므로 늘리는 것은 소매 중심의 무늬 바로 옆쪽 메리야스뜨기의 코를 덮어씌우는 부분 1cm 2곳
1cm×2.2코(1cm의 콧수)=2.2→2코를 2곳
소맷부리 너비 23.5cm(56코)+2cm(4코)=25.5cm(60코)
※소매산 뜨개 끝의 덮어씌우기는 12코+4코=16코.

옷기장 계산

앞뒤 몸판 각각 늘리는 것은 진동둘레의 평평한 부분 1cm
진동둘레 길이 19cm+1cm=20cm
20cm×2.85단(1cm의 단수)=57→56단
※원래 단수가 짝수이니 짝수로 조정한다.

도안에서 변경하는 부분

앞뒤 몸판

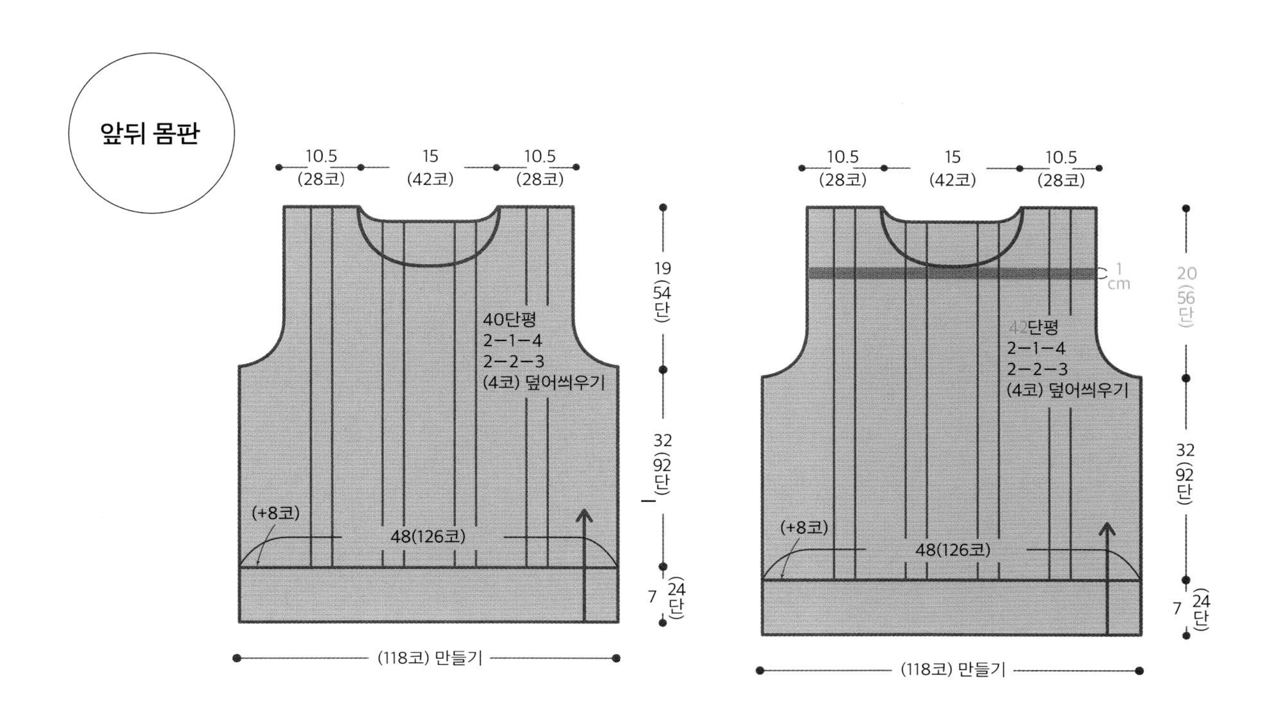

소매

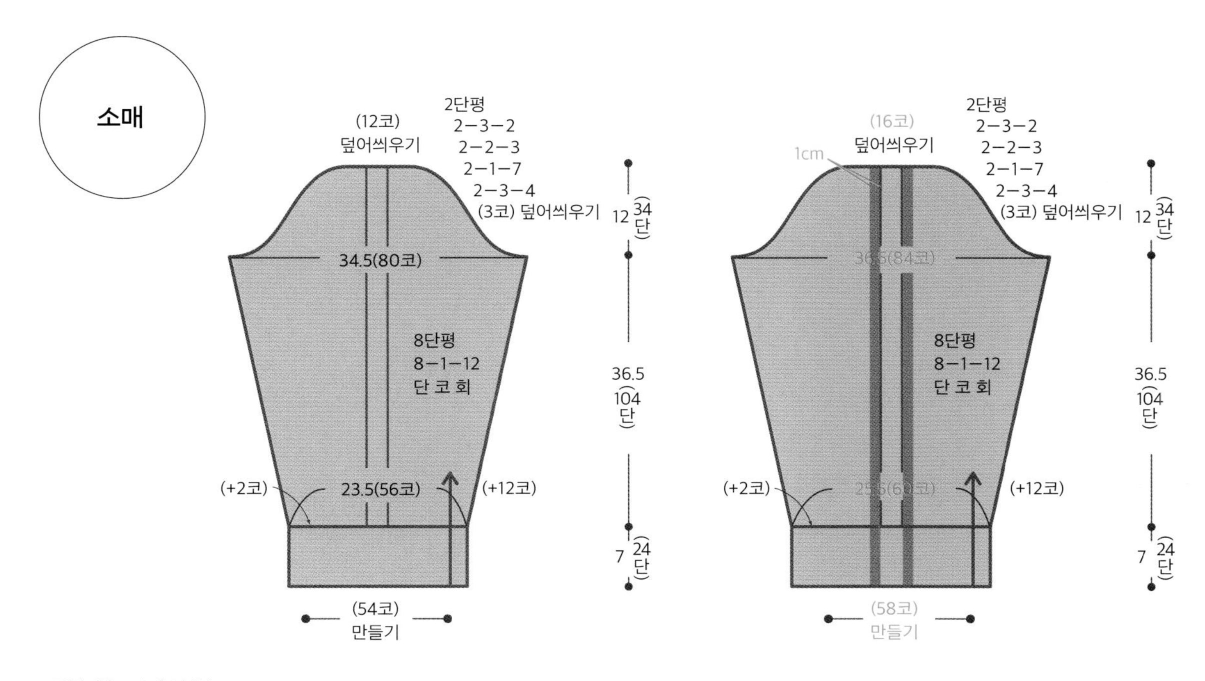

● 목둘레는 변경 없음!

무늬뜨기일 때

스웨터 편물에는 각양각색의 무늬가 있으므로 사이즈를 조정할 때는 무늬를 넣는 방법을 고려할 필요가 있습니다. 원칙은 '입었을 때 눈에 띄는 부분은 바꾸지 않고 옆선이나 밑단에서 조정한다', '무늬 사이의 메리야스뜨기나 멍석뜨기 부분에서 조정한다'는 것입니다. 또한 디자인에 따라서는 무늬 일부의 콧수를 바꾸거나 무늬를 부분적으로 바꾸는 방법도 있습니다.

무늬뜨기 스웨터의
사이즈 조정은
이런 부분에 주의!

무늬뜨기 스웨터의 사이즈를 조정하는 기본적인 방법

1무늬가 ______ 코 · ______ 단이라 가정하고, <더하/빼>려고 하는 콧수가 1무늬의 콧수와 가까우면 무늬 단위로 조정합니다. 콧수에 차이가 있으면 중심은 바꾸지 않고 옆선에서 조정합니다(양 끝 무늬는 나타나는 무늬대로 뜬다). 아란무늬 등 큰 무늬를 잘 맞춰 조합한 경우에는 큰 무늬 사이의 메리야스(안메리야스)뜨기나 멍석뜨기 등 눈에 띄지 않는 부분에서 조정합니다. 일부를 바꾸면 전체 이미지가 망가질 것 같을 때는 바늘이나 실로 게이지를 조정하길 권합니다. <무늬 자체/무늬 간격>을 바꿔 너비나 길이를 조정하는 방법도 있습니다(P.30~). 무늬나 실 굵기 등에 따라 상황이 달라지므로 스와치를 떠서

- 느낌이 어떻게 달라지는지
- 스웨터 전체 사이즈가 어느 정도 바뀌는지

를 확인합니다.
옷기장(단수) 변경도 같은 방식입니다.

<무늬를 수정할 때의 기준>

너비…스웨터 품에서 2~3cm <크게/작게> 되는지를 기준으로 합니다.
1무늬의 콧수가 12~24코 정도의 큰 무늬일 때 시도해보세요.
길이…스웨터 옷기장에서 2~3cm <길게/짧게> 되는지를 기준으로 합니다.
1무늬의 단수가 24~48단 정도의 큰 무늬일 때 시도해보세요.

카디건은 옷기장을 <늘인/줄인> 분량에 맞춰 앞단의 줍는 콧수를 <늘리고/줄이고>, 단춧구멍이 균등해지게 계산합니다(평균 계산 P.36).

가로로 무늬가 이어져 있을 때

<너비 조정>의 예

어깨너비(P.22)나 목둘레(P.24) 콧수로 너비를 조정할 때도 이어진 무늬가 끊어지지 않게 변경한 콧수만큼을 좌우 대칭으로 나눠 옆선에서 조정합니다.

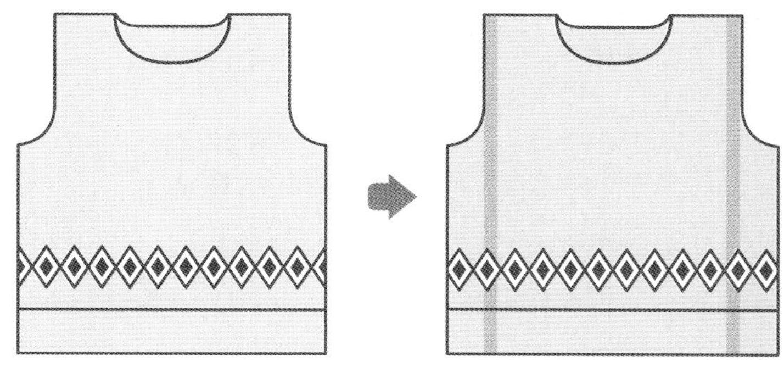

양 끝 무늬는 나타나는 무늬대로 뜬다

세로로 무늬가 이어져 있을 때

<너비 조정>의 예

기본적으로는 무늬와 무늬 사이의 메리야스뜨기나 멍석뜨기 등 콧수가 변경돼도 눈에 띄지 않는 곳에서 조정합니다. 그 외에 무늬를 반복하는 횟수나 무늬 자체의 콧수를 바꿔서 조정하는 방법도 있습니다.

단순한 콧수의 증감이 아니라 뜨개코의 일부를 바꾸거나(P.30~), 같은 콧수로 너비가 달라지는 다른 무늬로 바꾸는(P.35) 방법도 생각할 수 있습니다.

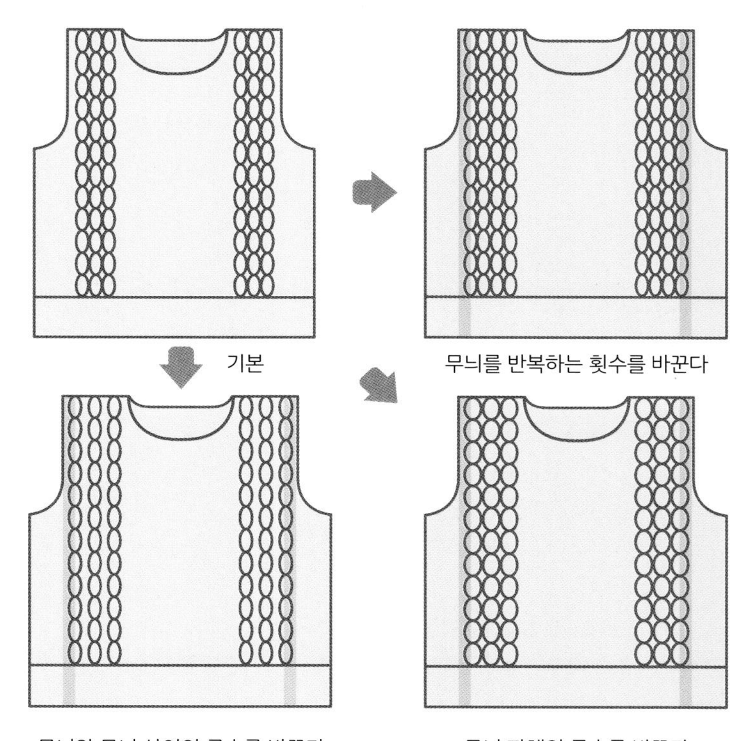

무늬와 무늬 사이의 콧수를 바꾼다

무늬 자체의 콧수를 바꾼다

세로로 무늬가 이어져 있을 때

<길이 조정>의 예

목둘레에 무늬가 예쁘게 들어가도록 디자인되어 있는 경우가 많습니다. 밑단 쪽은 그다지 눈에 띄지 않으므로 무늬의 뜨개 시작 위치를 바꿔서 길이를 조정합니다.

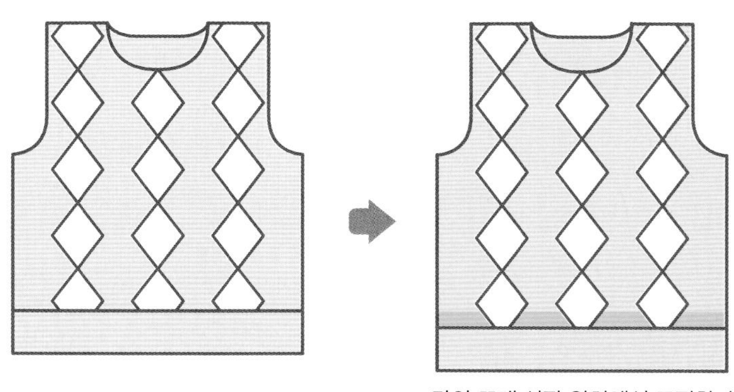

단의 뜨개 시작 위치에서 조정한다

무늬로 바꾼다

단순하게 콧수를 증감하는 것이 아니라 무늬를 변경해 너비를 바꾸는 예시를 소개합니다.

무늬 변경 예 ①

아란무늬에서 일부 무늬의 콧수를 변경해 너비를 바꿀 때의 예시입니다.
원래 무늬에서는 사다리무늬에 구슬뜨기가 들어간 부분을 바꿨습니다.

콧수를 줄인 무늬

1무늬에서 2코를 줄이고
구슬뜨기를 없앴습니다.

18코 1무늬=6.5cm

원래 무늬

20코 1무늬=7.5cm

콧수를 늘린 무늬

1무늬에서 2코를 늘리고
구슬뜨기를 좌우 번갈아
배치했습니다.

22코 1무늬=9cm

(5코)

31 30 25 20 15 10 5 1

37 35 30 25 20 15 10 5 1

□=⊟ 안뜨기

(7코)

31 30 25 20 15 10 5 1

39 35 30 25 20 15 10 5 1

□=⊟ 안뜨기 ●= [symbol]

난 구슬뜨기 100개
추가해야지~

(9코)

31 30 25 20 15 10 5 1

41 40 35 30 25 20 15 10 5 1

□=⊟ 안뜨기 ●= [symbol]

무늬 변경 예 ②

비침무늬의 메인 무늬 사이에 있는 무늬의 콧수를 변경해 너비를 바꿀 때의 예시입니다.
비침무늬 사이의 무늬를 바꿨습니다.

콧수를 줄인 무늬

가터뜨기로 된 중심 1코를
줄여서 심플한 안뜨기로.

15코 1무늬=7cm

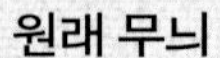

원래 무늬

16코 1무늬=7.5cm

콧수를 늘린 무늬

안뜨기를 2코 늘리고
중심의 겉뜨기를 교차뜨기로.
균형 있게 3코를 늘렸습니다.

19코 1무늬=8.5cm

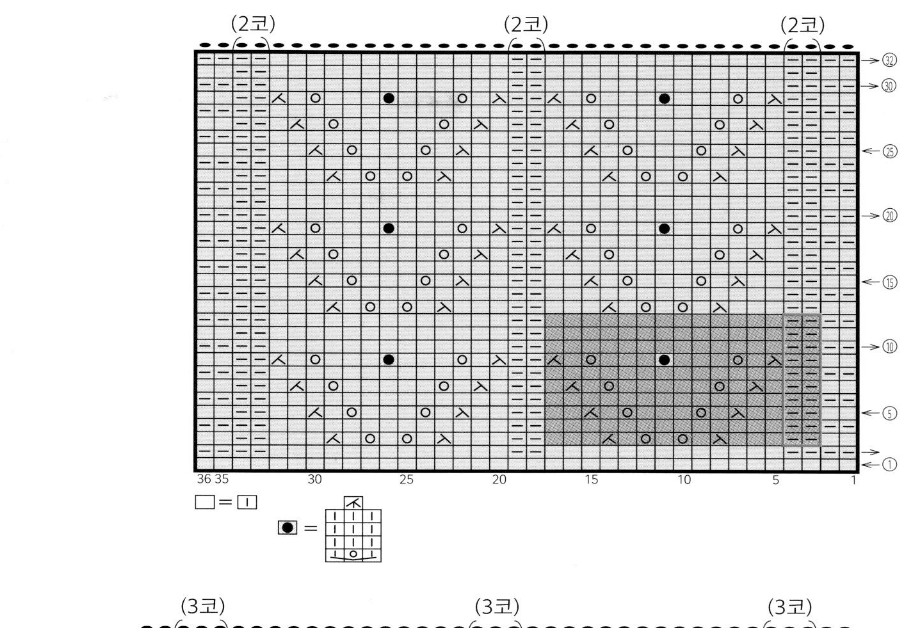

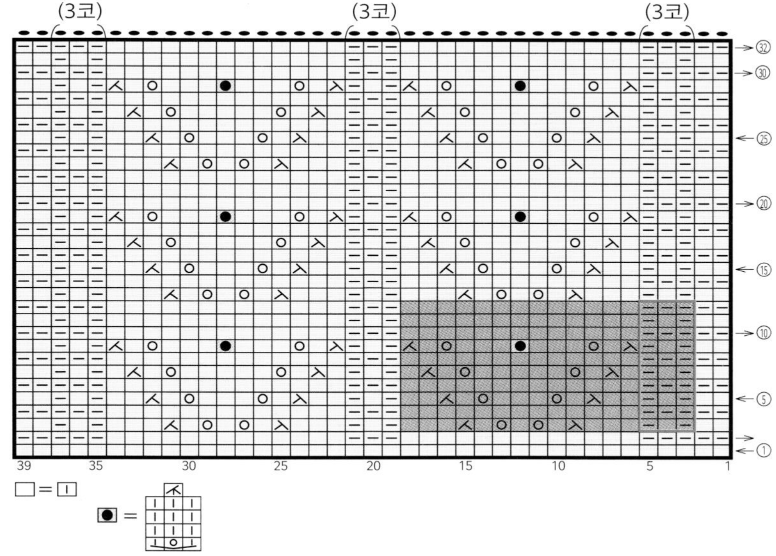

1무늬에서 치수가
어느 정도 달라지는지
게이지를 내서
확인하는 게 중요

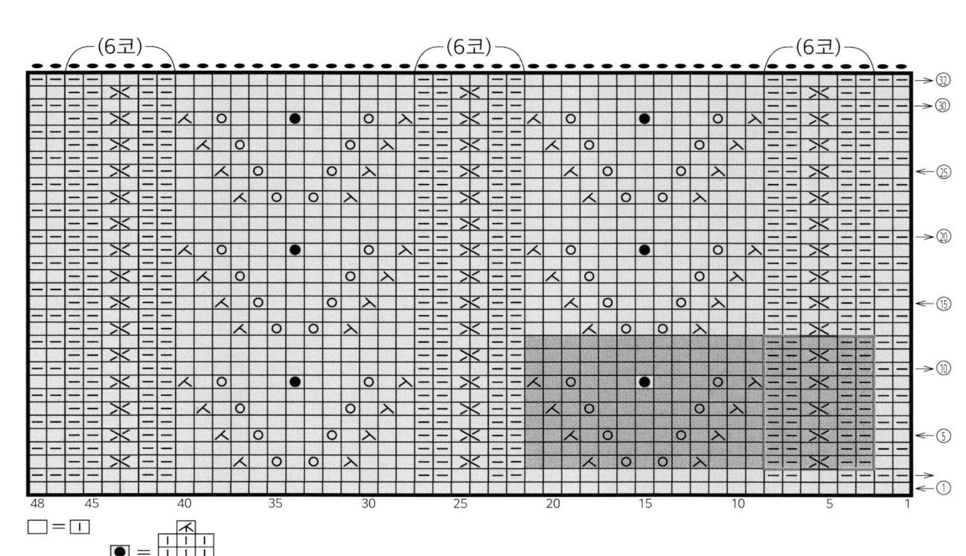

너비가 좁아지는 무늬·길이가 짧아지는 무늬

메리야스뜨기 편물과 같은 콧수와 단수로 떠도 무늬의 특성에 의해 너비가 좁아지거나 길이가 짧아질 수 있습니다.
이런 무늬의 특성을 이용해 무늬의 일부를 바꿔서 사이즈를 변경하는 방법도 있습니다.
사이즈를 조정할 때의 힌트 중 하나로 생각해주세요.

예를 들면 교차무늬는 같은 콧수와 단수라도 메리야스뜨기보다 너비가 좁아지는 무늬입니다. 한편 비침무늬는 콧수와 단수가 같으면 메리야스뜨기와 너비는 거의 다르지 않은 무늬입니다. 그리고 가터뜨기는 메리야스보다 길이가 짧아집니다.

사진 위쪽은 교차무늬의 변형, 아래쪽은 비침무늬 주위에 가터뜨기를 뜬 편물이지만 P.35 기호도로 확인할 수 있듯이 콧수와 단수가 거의 같습니다. Ⓐ 편물은 좁고 길어졌고 Ⓑ 편물은 넓고 짧아졌다는 걸 알 수 있습니다.

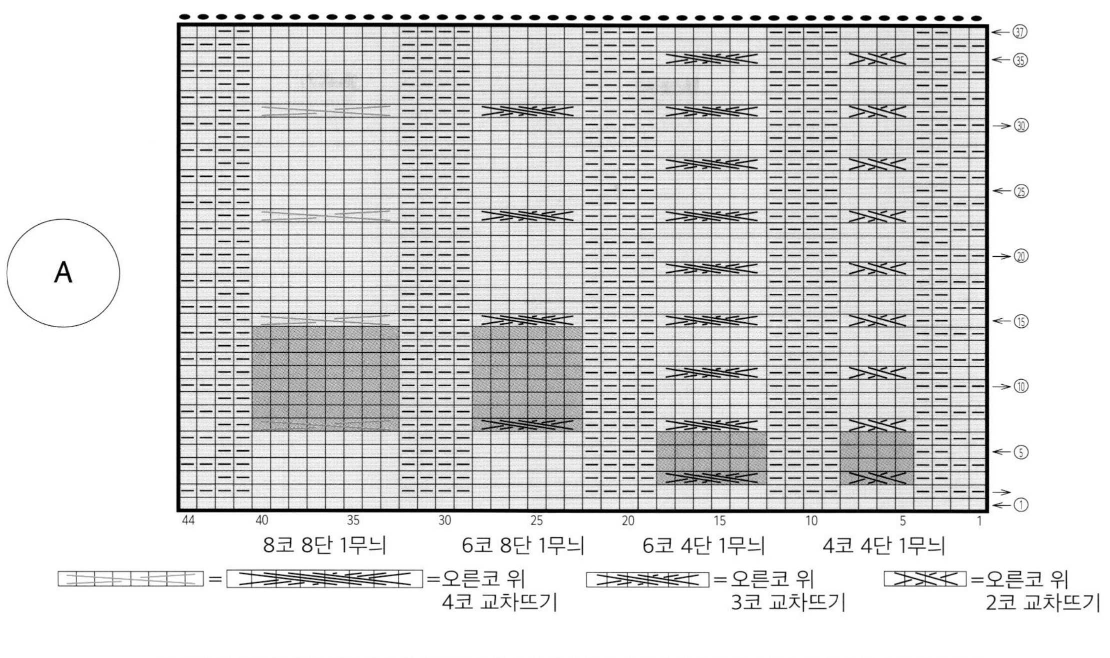

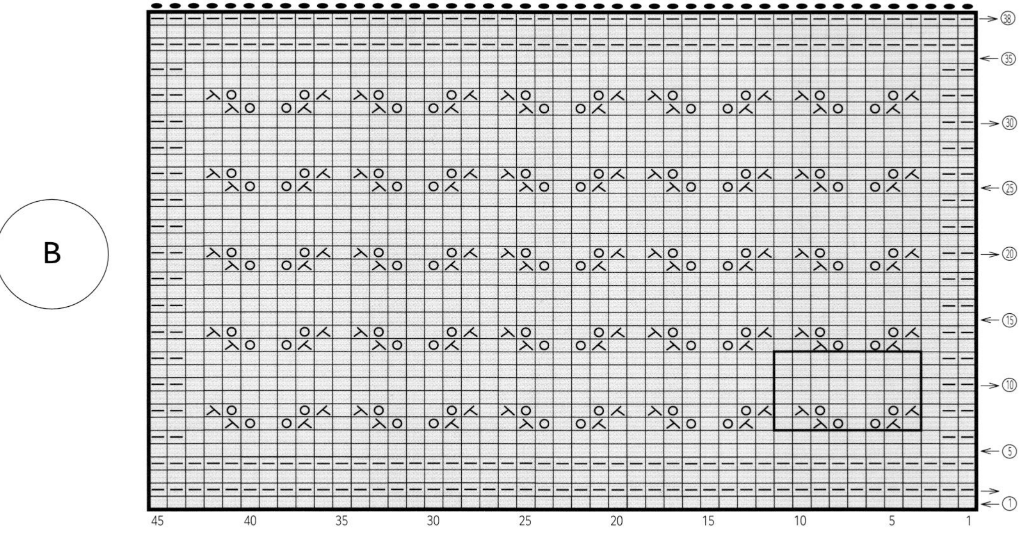

변경 예

이것은 메리야스뜨기 스웨터 앞판(청록색)을 콧수와 단수를 바꾸지 않고 일부를 교차무늬로 바꾼 편물(황록색)과 겹친 사진입니다. 일부를 교차무늬로 바꿨더니 전체적으로 너비가 좁아졌음을 알 수 있습니다.

이처럼 콧수를 바꾸지 않고 무늬의 일부를 바꿔서 너비를 조정할 수 있습니다. 뜨고 싶은 스웨터의 디자인에 따라 선택할 수 있는 방법 중 하나입니다.

뜨개의 계산

사이즈를 조정함에 따라 증감코나 코 줍기가 달라질 때 필요한
뜨개 특유의 계산법을 배워봅시다.

step up 평균 계산

균형 있게 콧수를 증감하거나 균등하게 코를 주울 때 등에 사용하는 계산을 '평균 계산'이라고 합니다.
평균 계산에는 소매 밑선 등의 '세로로 긴 사선', 어깨 경사 등의 '가로로 긴 사선',
밑단 고무뜨기로 바꿔 뜨거나 카디건 앞단의 코를 주울 때 등의 '직선'의 계산 3가지가 있습니다.
방식은 같지만 각 부분에 맞는 계산과 표기가 있습니다.

point 1 증감코의 간격 수

첫 포인트는 증감코의 간격입니다. 예를 들어 길이가 정해진 길에 나무 3그루를 균등하게 심는다고 하면, 나무와 나무의 간격은 3종류를 생각할 수 있습니다. 나무=증감코 위치라고 하면, 어디에서 코를 증감하려고 하는지에 따라 간격 수가 달라집니다. 또한 연못 둘레와 같이 둥글게 이어진 장소에 심을 때는 나무 수=간격 수입니다.

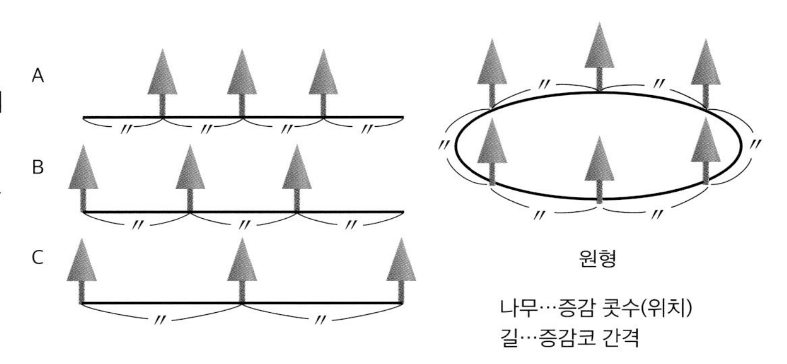

point 2 어떻게 계산할까?

평균 계산은 뜨개의 독자적인 계산법입니다. 예를 들어 구슬 8개를 상자 3개에 균등하게 나누는 상황으로 생각해봅시다.

❶ 우선 2개씩 나눕니다(8개÷3상자=2개씩, 나머지 2개).
❷ 나머지 2개를 1개씩 상자 2개에 넣습니다.
❸ 구슬이 3개가 든 상자가 2개, 2개가 든 상자가 1개가 됩니다. 이것을 계산식으로 나타내면 아래와 같습니다.

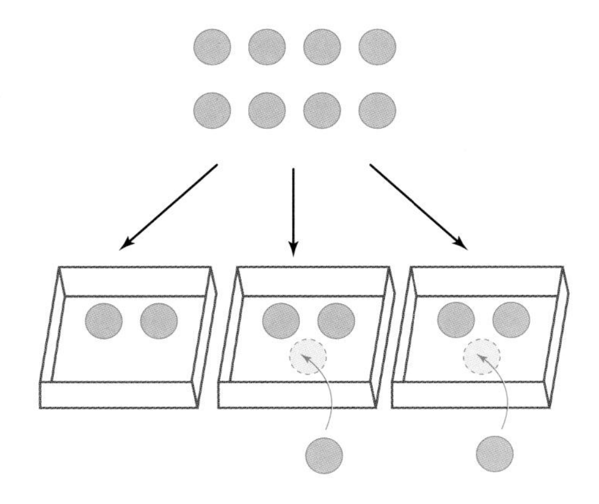

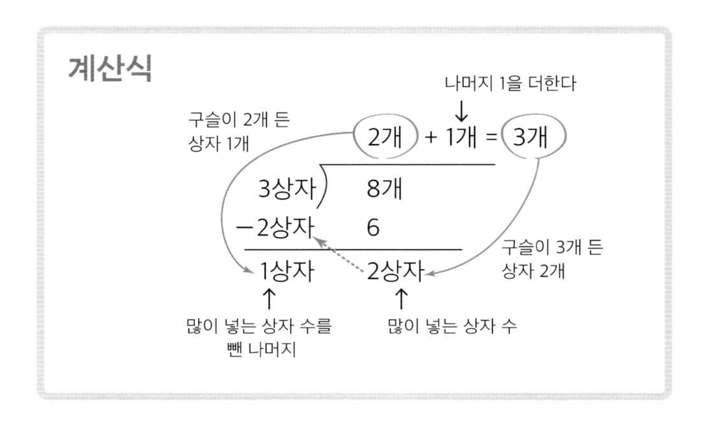

직선의 평균 계산

한꺼번에 많은 코를 같은 간격으로 <늘리거나/줄이거나>, 균등하게 코를 주울 때(밑단 고무뜨기로 변경, 앞단의 코 줍기 등) 사용하는 계산입니다.

균등하게 코를 줄인다

예) 몸판 (60코)에서 (-7코)해서 밑단 (53코)를 줍는다

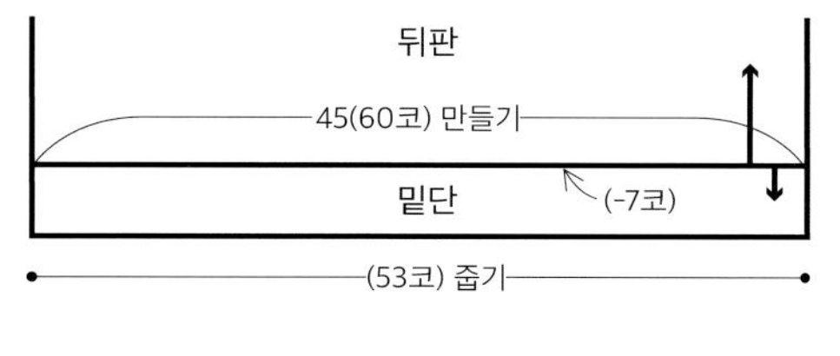

point 1 간격 수(나누는 수)

양 끝에서는 코를 줄이지 않으므로 길에서 시작해 길에서 끝나는 A타입
줄이는 콧수 (7코)+1=8이 간격 수(나누는 수)

point 2 계산식에 대입하면

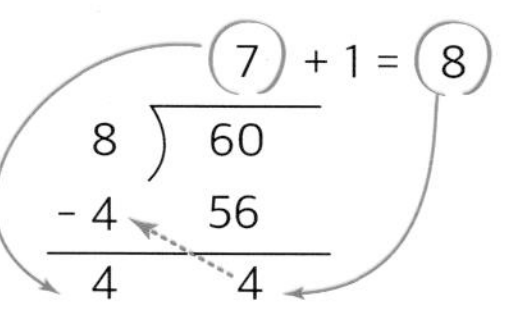

●8코를 4회…'6코 뜨고 7번째와 8번째 코를 2코 모아뜨기'를 4회
○7코를 4회…'5코 뜨고 6번째와 7번째 코를 2코 모아뜨기'를 3회, 마지막에 7코를 뜬다
전체 코를 같은 간격으로 줄일 수 있게 ●와 ○를 번갈아 배치

균등하게 코를 늘린다

예) 밑단 (61코)에서 (+9코)해서 몸판 (70코)를 이어서 뜬다

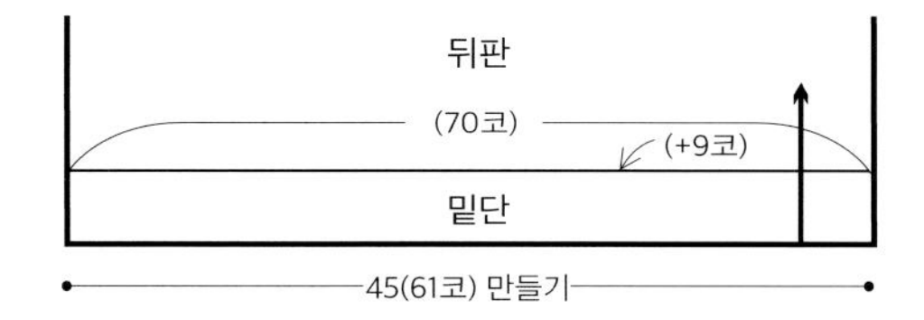

point 1 간격 수(나누는 수)

양 끝에서는 코를 늘리지 않으므로 길에서 시작해 길에서 끝나는 A타입
늘리는 콧수 (9코)+1=10이 간격 수(나누는 수)

point 2 계산식에 대입하면

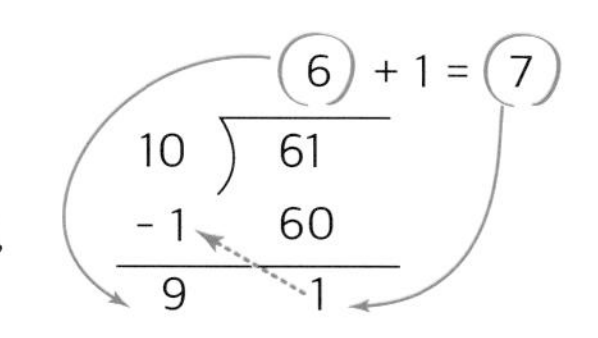
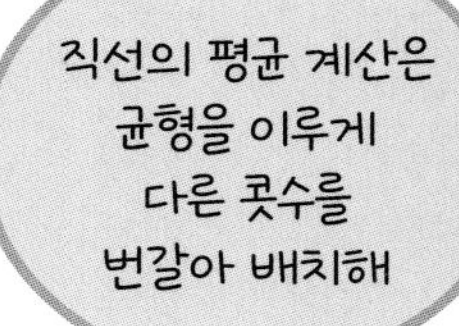

●7코를 1회…'7코 뜨고 1코 늘리기'를 1회
○6코를 9회…'6코 뜨고 1코 늘리기'를 8회, 마지막에 6코를 뜬다

균등하게 코를 줍는다

예) 앞판 가장자리 (60단)에서 7단 건너뛰어 앞단 (53코)를 줍는다

단에서 코를 주울 때는 증감코 위치를 '코를 줍지 않고 건너뛰는 위치'로 생각하고 계산합니다.

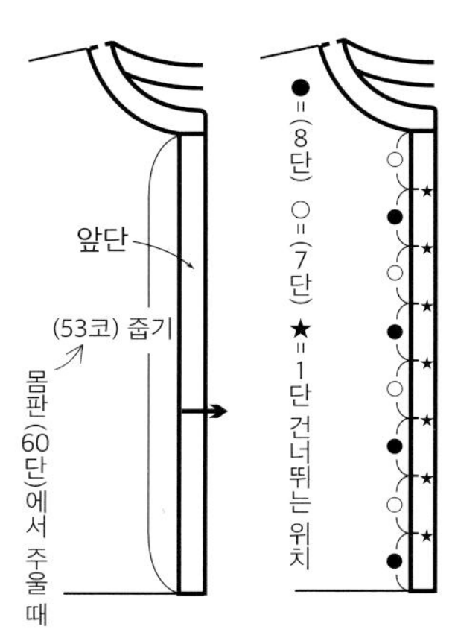

point 1 간격 수(나누는 수)

양 끝에서는 코를 주우므로 길에서 시작해 길에서 끝나는 A타입
건너뛰는 콧수 (60단-53코=7)+1=8이 간격 수(나누는 수)

point 2 계산식에 대입하면

●8단을 4회…'7단은 단마다 1코를 줍고 8번째 단은 건너뛰기'를 4회
○7단을 4회…'6단은 단마다 1코를 줍고 7번째 단은 건너뛰기'를 3회, 마지막에 7단을 줍는다

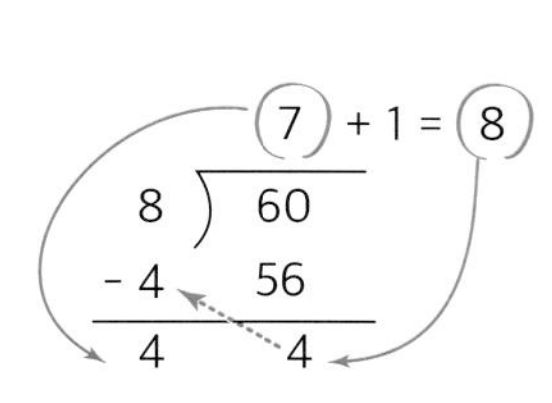

직선의 평균 계산은 균형을 이루게 다른 콧수를 번갈아 배치해

step up 사선의 계산

소매 밑선처럼 증감코가 있는 부분의 제도는 사선으로 그려지며, '몇 단마다 몇 코를 늘린다. 이 과정을 몇 회 반복한다'라고 표기되어 있습니다. 이것을 '계산'이라고 합니다.
P.18처럼 3cm 정도까지 변경한다면 소맷부리 쪽에서 단순하게 단수를 가감한 뒤 지정된 늘림코를 해도 되지만, 여기서는 선을 더 예쁘게 만들고 싶거나 3cm 이상 변경할 때 등에 사용할 수 있는 간단한 사선의 계산법을 설명합니다.

세로로 긴 사선의 계산

소매 밑선이나 옆선 등에서 1코씩의 증감코를 여러 단에서 할 때의 계산입니다.

소매 밑선의 사선 계산

소매 밑선의 사선 계산법을 기본 스웨터(P.4)의 길이를 2cm 늘이는 경우(소매길이 계산은 P.18 참고)로 설명합니다. 소매 밑선의 늘리는 콧수는 12코입니다. 아래 그림을 보면 12코를 늘릴 때는 13간격이 필요하다는 것을 알 수 있습니다. 뜨개의 계산에서는 마지막(13번째) 간격을 '평단'이라고 합니다. 소매 등 좌우로 1코를 늘리거나 줄일 경우 기본적으로는 겉쪽을 보고 뜨는 단에서 조작합니다.

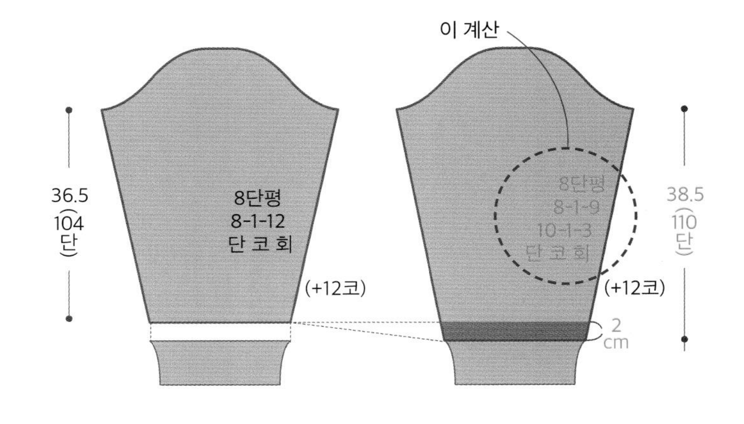

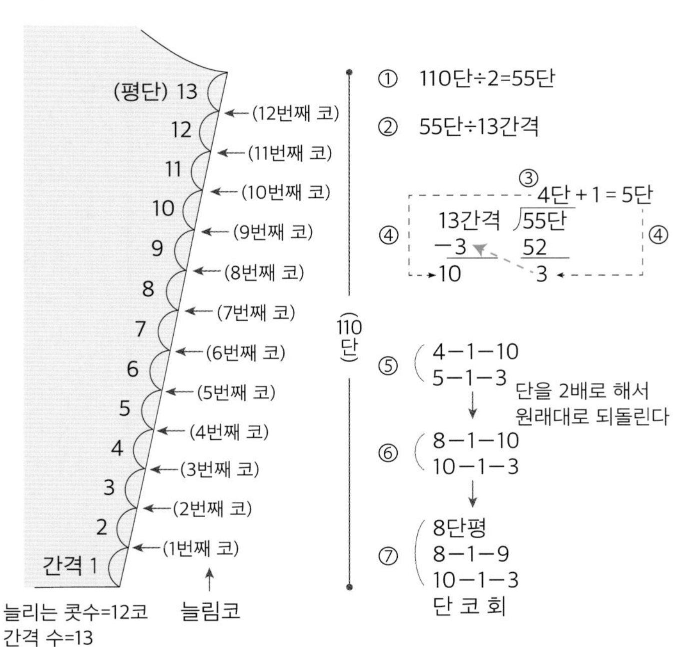

❶ 겉단에서만 조작하기 위해 소매 밑선의 단수를 2로 나눠서 계산할 준비를 합니다(110단÷2=55단).

❷ 12코를 늘리므로 반으로 나눈 단(55단)을 간격 '13'으로 나눕니다.

❸ 답은 '4, 나머지는 3'.

❹ 답 4에 1을 더하고(4+1=5) 나머지 3을 간격 13에서 뺍니다(13-3=10).

❺ '5단이 3회, 4단이 10회'가 됩니다. 이것은 간격의 단수로, 13간격 중 5단으로 구성된 간격이 3개, 4단으로 구성된 간격이 10개라는 의미입니다.

❻ 앞서 단수를 반으로 나눴으므로 각각 2배로 해서 원래대로 되돌립니다. 5단×2=10단, 4단×2=8단 →'10단이 3회, 8단이 10회'.

❼ 마지막 간격은 평단이므로 계산 결과는 '10단마다 1코 늘리기 3회, 8단마다 1코 늘리기 9회, 8단평'이 됩니다.

소매 밑선의 계산은 단수가 많은 부분을 소맷부리 쪽에

기본 스웨터 M 사이즈 소매 밑선의 계산은 '8단마다 1코 늘리기 12회, 8단평'이었습니다. 이 결과는 '104단에서 12코 늘리기'를 균등하게 계산한 것입니다.

소매 밑선을 2cm 늘이면 단수는 6단 늘어나 '110단에서 12코 늘리기'가 됩니다. P18에서는 계산하지 않고 원래 104단일 때의 계산을 활용해 소맷부리 쪽에 단순히 6단을 더해서 '14단마다 1코 늘리기 1회, 8단마다 1코 늘리기 11회, 8단평'으로 했습니다. P.38에서는 '110단에서 12코 늘리기'를 계산을 해서 '10단마다 1코 늘리기 3회, 8단마다 1코 늘리기 9회, 8단평'이 되었습니다. 오른쪽 그림을 보면 후자가 사선을 따라 라인이 이어져 있고, 전자가 소맷부리 쪽 라인이 약간 더 날카롭다는 것을 알 수 있습니다.

양쪽 모두 '소맷부리 쪽에 계산에서 단수가 많은 부분, 소매산 쪽에 단수가 적은 부분'이 배치되어 있고, 소맷부리 쪽은 사선 안쪽으로 들어가 있습니다. 이것은 뜨개의 원칙으로 일반적으로 그렇게 하면 예쁜 선을 만들 수 있습니다. 물론 어떤 의도로 인한 예외의 상황도 있겠지만 기본적으로는 이 원칙을 외워두면 좋습니다.

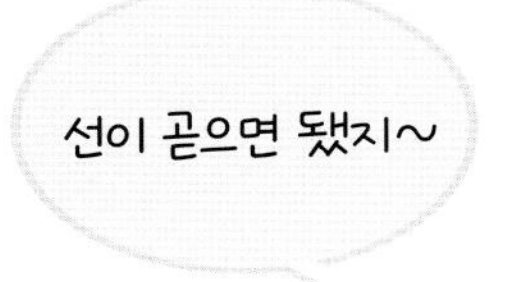

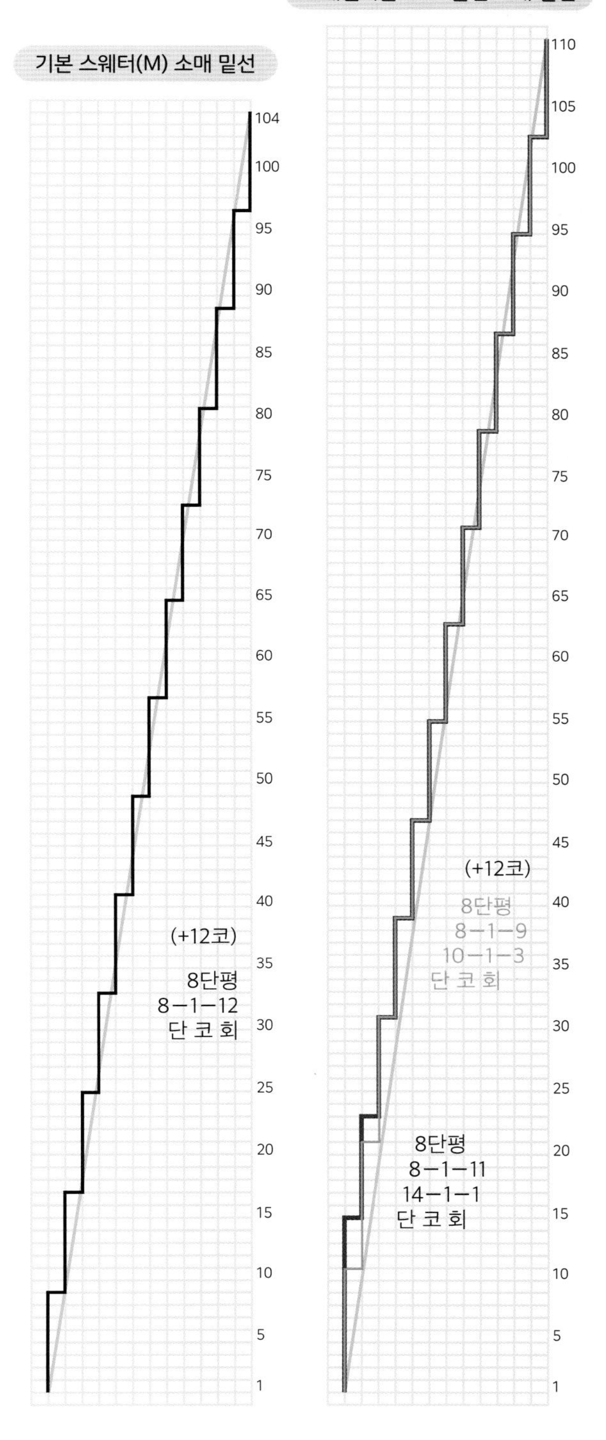

가로로 긴 사선의 계산

어깨 경사 등에서 여러 코의 증감코를 2단마다 할 때의 계산입니다.

어깨 경사의 계산

어깨너비를 변경했을 때, 어깨선이 사선으로 된 어깨 경사가 있는 도안에서는 어깨 사선의 계산을 바꿉니다.
소매 밑선의 사선 계산처럼 '평균 계산'으로 합니다.
여기서는 아래 그림의 게이지가 10×10cm에 18코×24단인 스웨터로 설명합니다.
어깨 경사의 사선은 되돌아뜨기로 뜨며 되돌아뜨기는 2단마다 합니다.

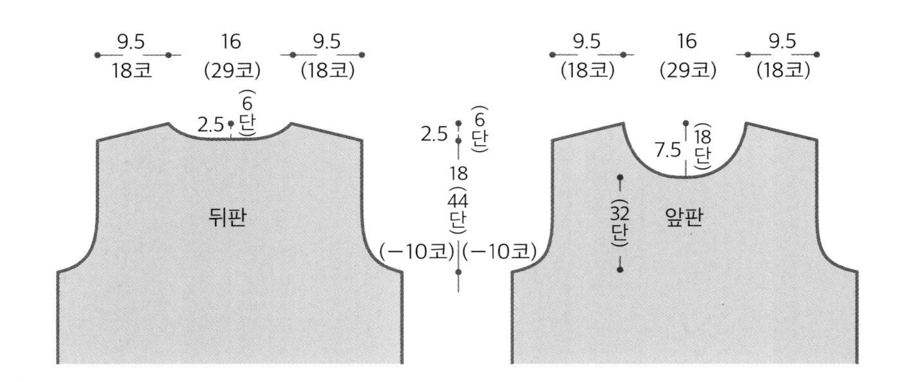

① 6단÷2=3회

② 18코÷(3회+1)

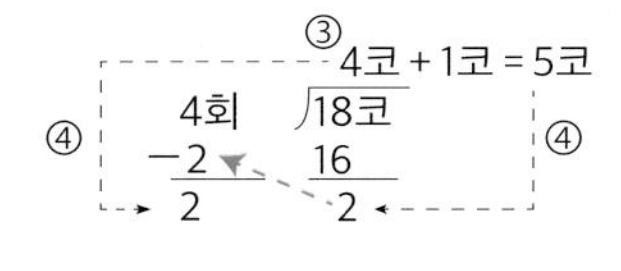

⑤ 5코−2회
4코−2회

⑥ 2−5−2
2−4−2

⑦ 2−5−2
2−4−1
단 코 회
(4코)

❶ 2단마다 하므로 어깨 경사의 단수를 2로 나눕니다.
6단÷2=3→줄임코는 3회.

❷ 줄임코 횟수 '3회'에 평단분 1을 더해 간격 수는 4(3회+1).
18코를 4로 나눕니다.

❸ 답은 '4, 나머지 2'.

❹ 나머지 2를 횟수 4에서 뺍니다(4회-2=2).

❺ '4코가 2회, 5코가 2회'가 됩니다.

❻ 어깨 경사의 되돌아뜨기는 맨 먼저 평단분을 설정합니다.
첫 4코를 평단분으로 합니다.

❼ 계산 결과는 '4코평, 2단마다 4코 줄이기 1회,
2단마다 5코 줄이기 2회'입니다.

어깨 경사의 계산은 콧수가 적은 부분을 어깨 끝쪽에

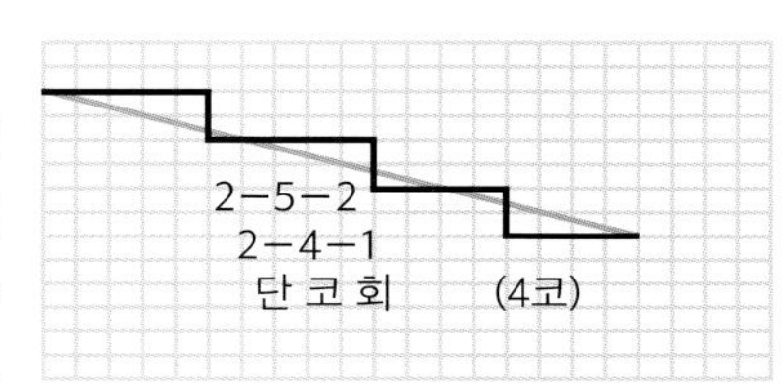

어깨 경사를 뜰 때는 계산해서 나온 콧수를 차례대로 되돌아뜨기합니다. 그때 어깨 끝쪽에서 콧수가 적은 쪽부터 되돌아뜨기로 뜹니다. 이번에는 평단분 4코, 1번째 되돌아뜨기 4코, 다음 되돌아뜨기 5코를 2회 순으로 뜹니다. '어깨 경사의 계산은 콧수가 적은 부분을 어깨 끝쪽에'. 이것도 아름다운 선을 만들기 위한 뜨개의 원칙입니다.

step up 고무뜨기의 콧수 정하는 법

사이즈를 조정하거나 형태를 바꾸면(P.53~), 고무뜨기 콧수가 달라지거나
고무뜨기를 새로 뜨는 경우가 있습니다. 고무뜨기 콧수를 정할 때는 스와치를 뜨든가
이미 뜬 몸판의 밑단 등에서 게이지를 측정할 수도 있습니다. 고무뜨기의 게이지를 낼 때는
고무뜨기가 가장 예쁘게 보이도록 겉뜨기에 대해 안뜨기가 절반(1코 고무뜨기는 반 코, 2코 고무뜨기는 1코)
정도 보이는 상태로 편물을 정리한 뒤 측정합니다(P.54).
그리고 고무뜨기의 배열(겉뜨기와 안뜨기가 어떻게 늘어서는지) 또는 시접을 고려해
콧수를 조정할 필요가 있습니다.

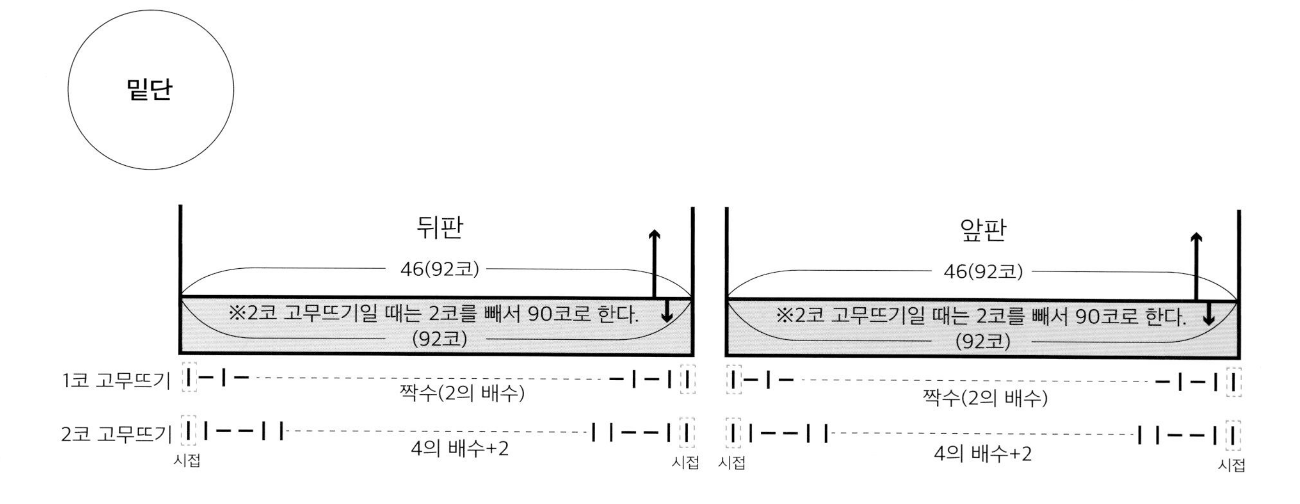

밑단을 몸에 꼭 맞게 하려면 고무뜨기 콧수는 몸판과 똑같이 합니다. 1코 고무뜨기인지 2코 고무뜨기인지,
스웨터인지 카디건인지, 잇고 꿰매는 과정이 있는지 원통으로 뜨는지에 따라 콧수를 조정합니다.
몸판 무늬가 교차무늬 등 코가 조밀한 무늬라면 메리야스뜨기 게이지에 맞춰 고무뜨기 콧수를 조정합니다.

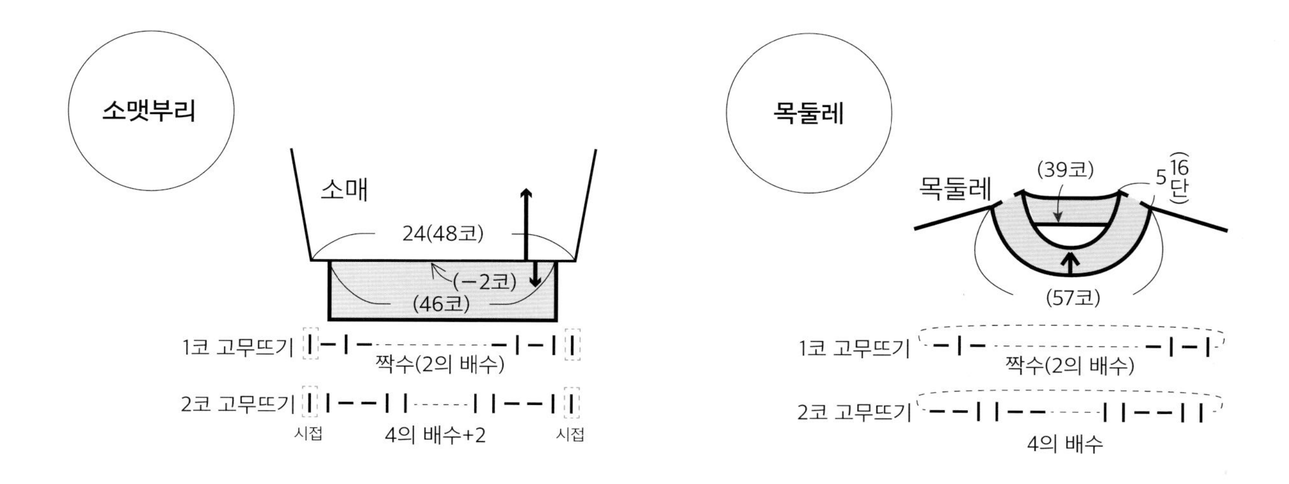

여러 형태의 스웨터 사이즈 조정하기

❶ 보텀업 래글런 스웨터

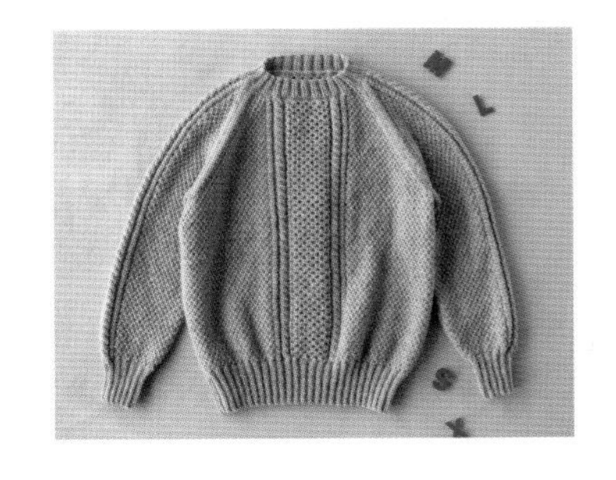

제도로 바꿀 때 이 타입의 스웨터에서 검토할 수 있는 방법은
'길이를 바꾼다(P.18)', '너비를 바꾼다 ① 품과 소매 너비(P.20)→거싯(겨드랑이)',
'너비를 바꾼다 ③ 목둘레와 품(P.24)→몸판 중심'입니다.
어깨가 없기 때문에 '너비를 바꾼다 ② 어깨너비와 품(P.22)'은 할 수 없습니다.
거싯 부분에서 품과 소매 너비를 연동시켜 변경하는 것이 일반적입니다.
원래 디자인에 따라서는 목둘레 중심의 평평한 부분에서 조정하는 방법도 가능합니다. 그리고 '래글런선을 바꾼다(P.44)'도 검토할 수 있습니다. 래글런선 줄임코 부분의 반복 횟수를 바꾸면 품·소매 너비·길이가 연동해 달라집니다. 톱다운과 달리 뜨면서 조정하지는 못하므로 미리 각 부분이 몇 코 몇 단씩 달라지는지 계산해야 합니다. 톱다운일 때와 방식은 같습니다. 제도로 바꾸는 방법에 바늘이나 실로 바꾸는 방법을 조합할 수도 있습니다.

순서 ※여기서는 래글런선은 바꾸지 않습니다.

❶ 몸판 밑단에서 기초코를 만들 때 너비를 <많게/적게> 합니다.
❷ 옆선을 뜰 때 길이를 조정합니다.
❸ 거싯의 줄임코(덮어씌우기)를 할 때 품을 <많이 한 분량만큼 많이/적게 한 분량만큼 적게> 코를 줄입니다.
❹ 목둘레의 코를 덮어씌우는 부분에서 조정했을 때는 품을 <많이 한 분량만큼 많이/적게 한 분량만큼 적게> 코를 덮어씌웁니다.
❺ 소맷부리에서 소매 기초코를 만들 때 몸판에서 <많이 한 분량만큼 많이/적게 한 분량만큼 적게> 기초코를 만듭니다.
❻ 소맷부리 쪽에서 소매길이를 조정합니다.
❼ 소매 거싯의 줄임코를 할 때 소매너비를 <많이 한 분량만큼 많이/적게 한 분량만큼 적게> 코를 줄입니다.
❽ 목둘레의 코를 덮어씌우는 부분(몸판 중심)에서 품을 조정했을 때는 목둘레의 고무뜨기도 그에 따라 조정합니다.

무늬뜨기일 때

【너비】 무늬의 뜨개 시작 위치를 바꿉니다. <많이 한 분량만큼 더해서 오른쪽으로/적게 한 분량만큼 없애서 왼쪽으로> 옆선 무늬는 눈에 띄지 않으므로 1무늬가 클 때는 좌우 대칭이라면 나타나는 무늬대로 떠도(도중까지라도) 괜찮습니다(P.29 위쪽 그림).
【길이】 가급적 무늬를 끝맺기 좋은 위치나 원하는 길이까지로 합니다. 치수를 우선으로 할 때는 요크 시작 위치의 무늬에서 역산해서 밑단은 무늬의 어느 위치에서 뜨기 시작하면 좋을지 확인합니다.

조정의 기준

【너비】 거싯 1곳에서 2cm, 양옆에서 4cm 정도까지. 목둘레에서 조정할 때는 작게 할 경우 1cm까지, 크게 할 경우 2cm까지. 목이 좁은 디자인이나 입는 사람의 머리둘레가 클 때는 머리가 들어갈 수 있게 주의.
【길이】 전체 디자인에 그다지 영향을 주지 않는 길이는 3cm 정도까지지만, 원하는 대로 정해도 OK. 소매길이를 3cm 이상 바꿀 때는 계산(P.38)을 합니다.

제도로 바꿀 때의 이미지

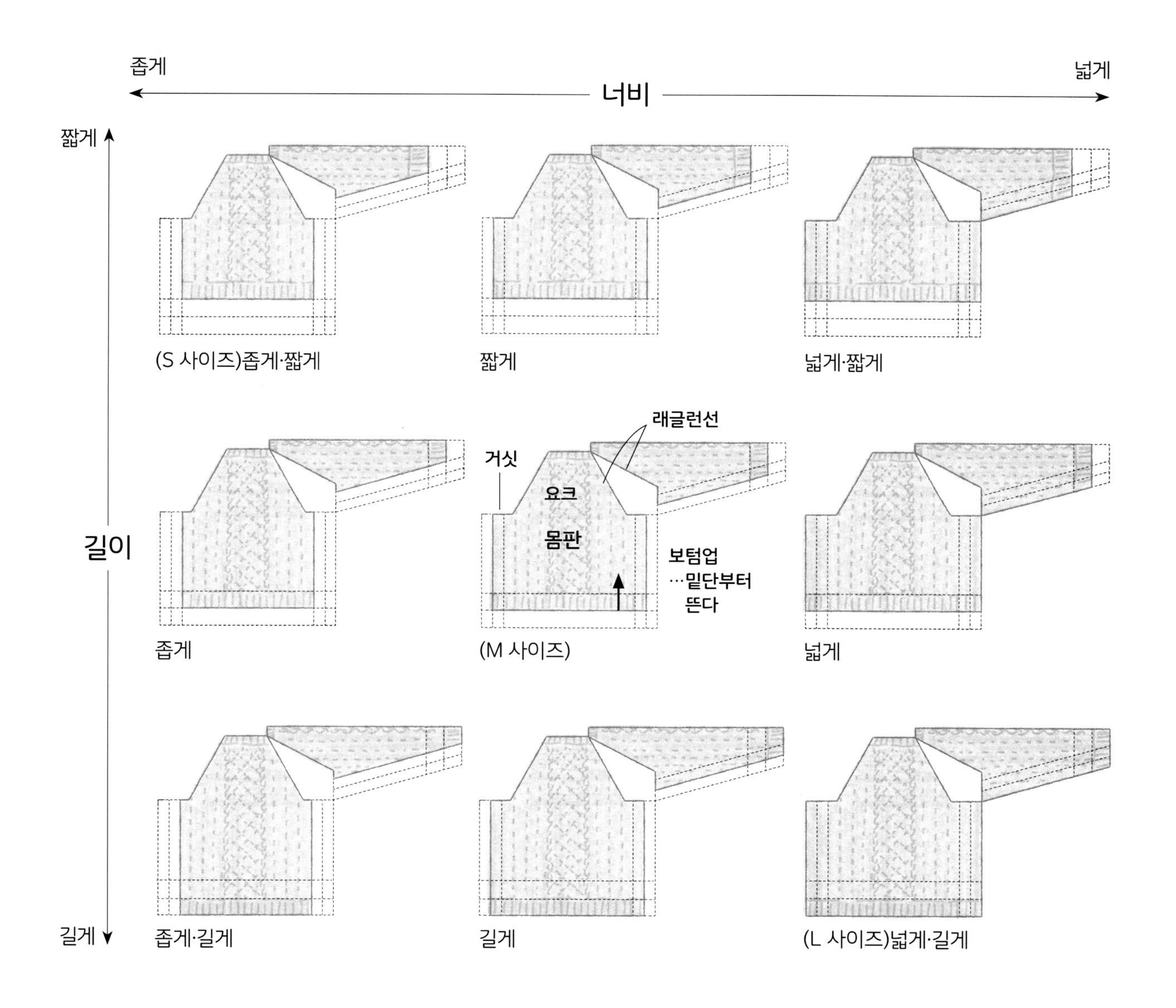

제도로 바꿀 때의 포인트

여기서는 래글런선은 그대로. 기본적으로는 거싯 부분에서 조정합니다(무늬에 따라서는 목둘레 중심의 코를 덮어씌우는 부분에서도 조정할 수 있다). 품은 거싯 부분에서 <크게/작게> 합니다. 소매 너비는 품과 연동해 똑같이 <커/작아>집니다. 착장은 밑단 부분에서 원하는 만큼 <길게/짧게> 할 수 있습니다. 소매길이는 소맷부리 근처의 평평한 부분에서 원하는 만큼 <길게/짧게> 할 수 있습니다.

❷ 톱다운 래글런 스웨터(카디건)

예시 작품은 카디건이지만 방식과 순서는 스웨터와 같습니다.

제도로 바꿀 때 이 타입의 스웨터에서는 '래글런선을 바꾼다'라는 방법이 간단합니다. 래글런선의 늘림코 횟수를 늘리거나 줄이면 품·소매 너비·길이가 모두 연동해 <커/작아> 집니다. 이 방법으로 품을 우선해 사이즈를 조정하면 그다음에 '길이 변경'을 합니다. 원하는 길이가 될 때까지 뜨기만 하면 됩니다. 제도로 바꾸는 방법에 바늘이나 실로 바꾸는 방법을 조합할 수도 있습니다.

순서

❶ 요크를 뜹니다. 목둘레에서 기초코를 만들고 래글런선에서 코를 늘리며 원하는 사이즈로 조정합니다.
❷ 소매 부분의 코에는 별도의 실을 끼워 쉬게 합니다.
❸ 앞뒤 기장 차이가 있을 때는 뒤판만 더 뜹니다.
❹ 거싯의 기초코를 만듭니다.
❺ 앞뒤 몸판을 이어서 뜨고, 원하는 길이(또는 무늬를 끝맺기 좋은 위치)가 되면 끝냅니다.
❻ 쉬게 둔 소매 부분의 코와 거싯의 코, 앞뒤 기장 차이가 있는 단에서 코를 주워 소매를 뜹니다.
❼ 원하는 소매길이(또는 무늬를 끝맺기 좋은 위치)가 되면 끝냅니다.

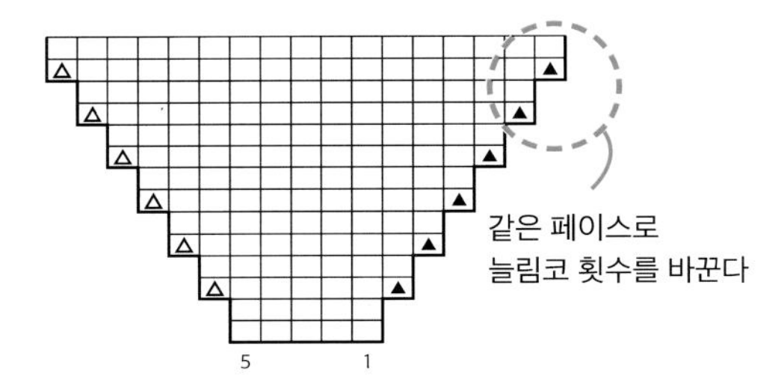

▲ …왼쪽 돌려뜨기 늘림코
△ …오른쪽 돌려뜨기 늘림코

무늬뜨기일 때

래글런선을 <늘여/줄여> 콧수와 단수가 달라져도 무늬는 항상 나타나는 무늬에 맞춰 떠갑니다. <몸판/소매> 길이를 정할 때는 가급적 무늬를 끝맺기 좋은 위치나 원하는 길이까지로 합니다. 밑단이나 소맷부리라면 무늬 도중까지라도 눈에 띄지 않습니다.

조정의 기준

게이지에 따라서도 달라지지만 래글런선의 늘림코 2~4회만큼 <많이/적게> 뜨면 사이즈가 한 단계 달라진다고 예상할 수 있습니다. 래글런선과 길이는 3cm 정도까지는 변경해도 전체 균형에 그다지 영향을 주지 않지만, 한계는 없으므로 원하는 대로 정해도 괜찮습니다.

제도로 바꿀 때의 이미지

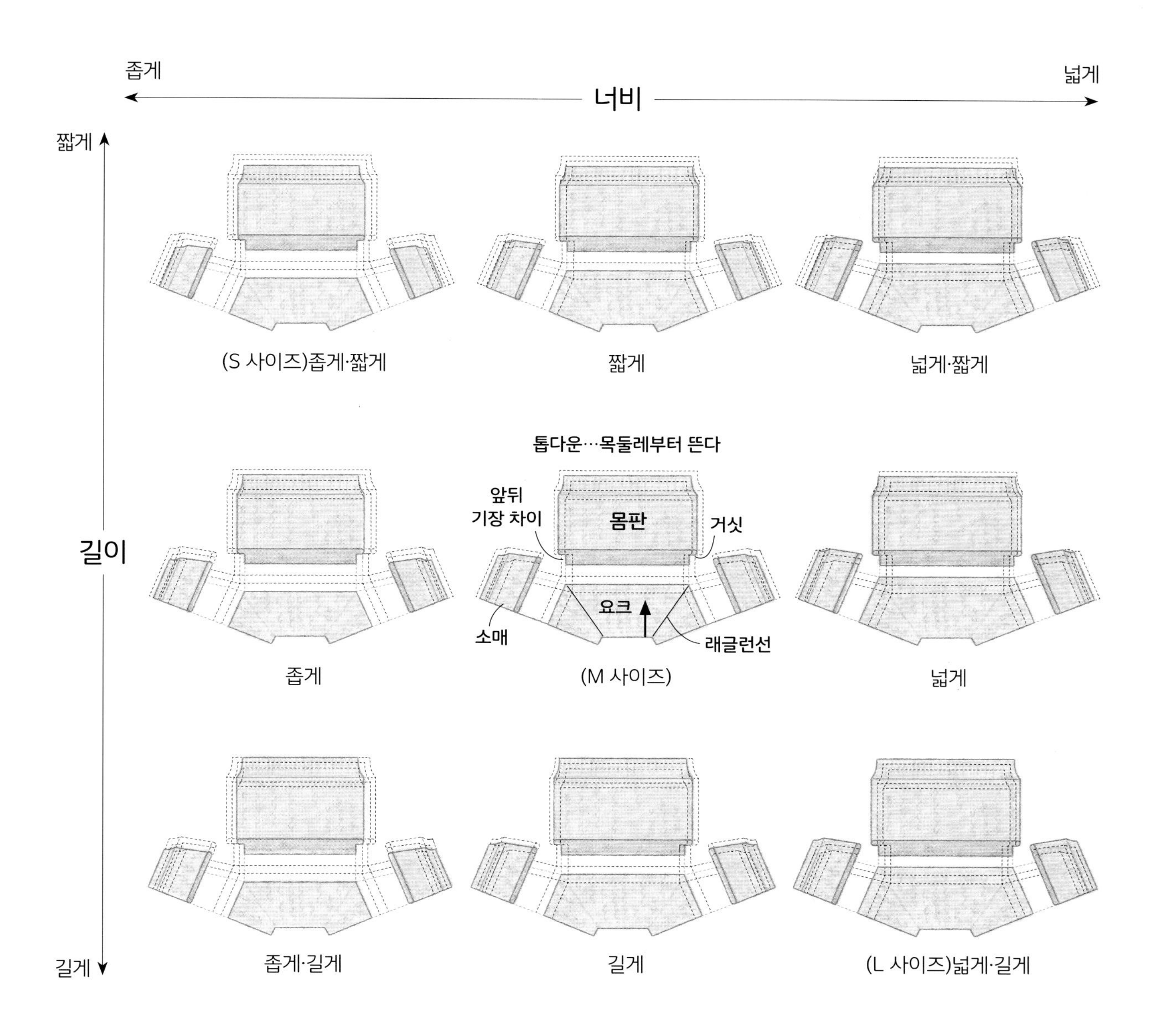

제도로 바꿀 때의 포인트

래글런 부분을 뜨면서 품을 원하는 사이즈만큼 <크게/작게> 뜹니다. 소매 너비는 품과 연동해 <커/작아>집니다. 착장·소매길이는 원하는 길이만큼 <길게/짧게> 뜹니다.

❸ 톱다운 둥근 요크 스웨터

제도로 바꿀 때 이 타입의 스웨터에서 검토할 수 있는 방법은 '길이를 바꾼다 (P.18)', '너비를 바꾼다 ❶ 품과 소매 너비(P.20)→거싯'입니다.
요크에는 무늬가 들어가 있는 경우가 많고 늘림코와 조합해서 구성되어 있으므로 거싯 부분에서 품과 소매 너비를 연동시켜 변경하는 것이 간단합니다.
요크의 무늬에 따라서는 '무늬 수를 〈늘린다/줄인다〉',
'1무늬의 콧수를 조정한다'도 검토할 수 있습니다. 요크의 변경은 P.48을 참고하세요. 제도로 바꾸는 방법에 바늘이나 실로 바꾸는 방법을 조합할 수도 있습니다. 원하는 치수로 바꾸려면 어떻게 해야 할지 생각해보세요.

순서

❶ 목둘레에서 뜨기 시작해 요크를 뜹니다.
❷ 요크의 코를 몸판과 소매로 나누고, 소매 부분의 코에는 별도의 실을 끼워 쉬게 합니다.
❸ 앞뒤 기장 차이가 있을 때는 뒤판만 더 뜹니다.
❹ 몸판 겨드랑이에서 거싯의 기초코를 만들 때 콧수를 조정합니다.
❺ 앞뒤 몸판을 이어서 뜨고, 원하는 길이(또는 무늬를 끝맺기 좋은 위치)가 되면 끝냅니다.
❻ 쉬게 둔 소매 부분의 코와 거싯의 코, 앞뒤 기장 차이가 있는 단에서 코를 주워 소매를 뜹니다.
❼ 원하는 소매길이(또는 무늬를 끝맺기 좋은 위치)가 되면 끝냅니다.

무늬뜨기일 때

둥근 요크 부분은 대개 무늬나 늘림코가 복잡하게 구성되어 있어서 손대지 않는 편이 무난합니다.
요크 이외에도 무늬뜨기의 경우 거싯(옆선, 소매 밑선) 부분은 무늬가 망가져도
그리 눈에 띄지 않으니 이 부분에서 콧수를 <많이/적게> 합니다.

조정의 기준

【너비】 거싯 1곳에서 3cm, 전체에서 6cm 정도까지가 한도.
【길이】 전체 디자인에 그다지 영향을 주지 않는 길이는 3cm 정도까지지만, 원하는 대로 정해도 OK.

제도로 바꿀 때의 이미지

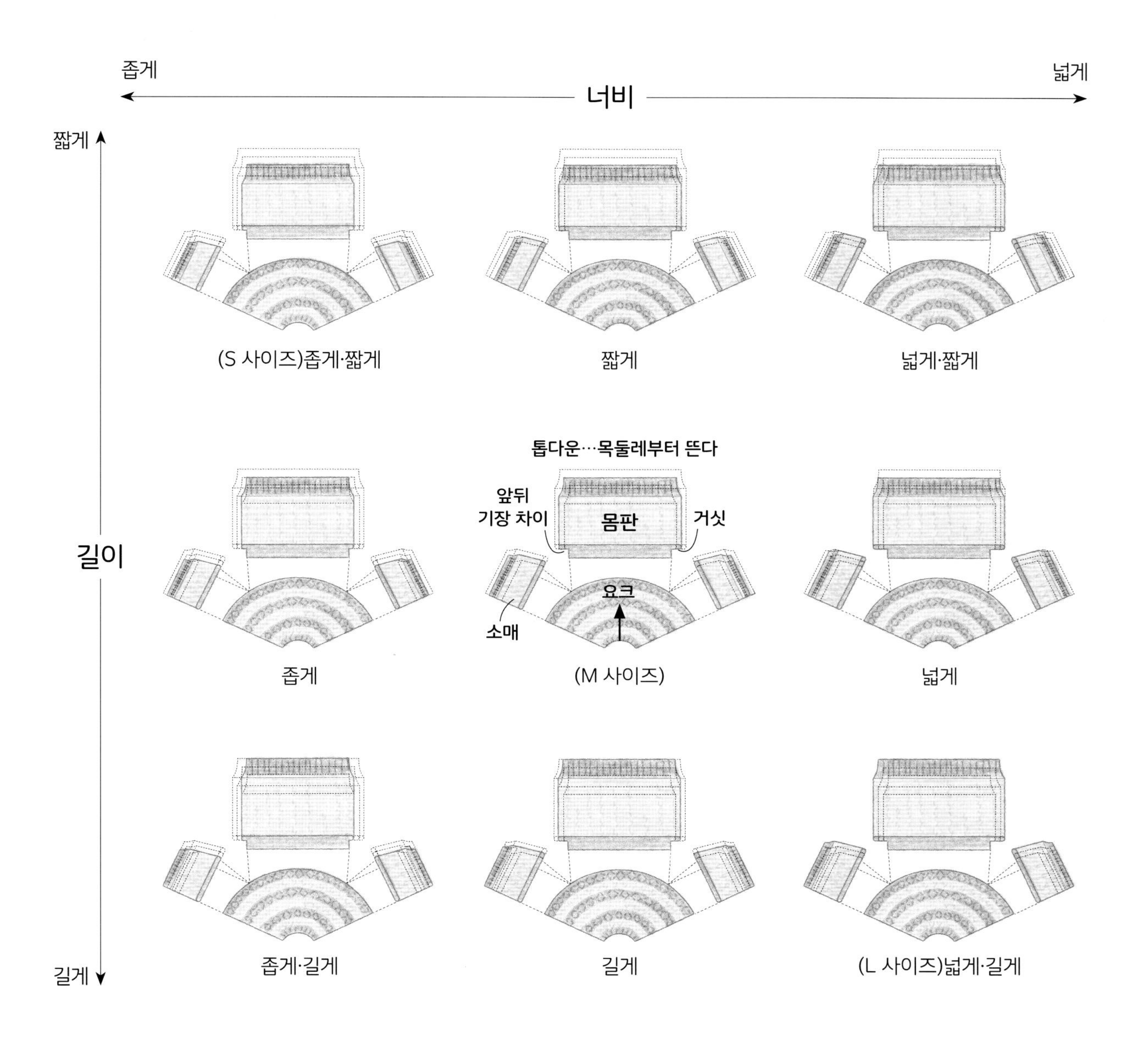

제도로 바꿀 때의 포인트

- 품을 원하는 사이즈로 만드려면 거싯의 기초코로 <크게/작게> 합니다.
- 소매 너비는 품과 연동해 <커/작아>집니다.
- 착장·소매길이는 원하는 길이만큼 <길게/짧게> 뜹니다.

❹ 보텀업 둥근 요크 스웨터

우선 '바늘로 바꾸는 방법(P.14)'이나 '실로 바꾸는 방법(P.16)'을 검토해보세요.
제도로 변경할 경우 '길이를 바꾼다(P.18)'는 무늬에 상관없이 무난하게
할 수 있습니다. 너비를 바꾸려면 요크 전체를 변경해야 합니다.
요크를 변경하려면 '무늬 수를 <늘린다/줄인다>',
'1무늬의 콧수를 조정한다'라는 방법을 검토할 수 있습니다.
요크를 바꿨을 때의 요크 전체 콧수를 확인한 뒤 무늬 중심을 맞춰서 몸판·거싯·소매 너비로 나눕니다.
요크 무늬로 인해 작업이 까다로워질 것 같으면 바늘이나 실로 조정하는 방법만 합니다.

순서

❶ 요크의 무늬 수로 변경할 수 있는지, 1무늬의 콧수로 변경할 수 있는지 검토합니다.
❷ 요크의 무늬 수로 변경할 경우 요크 전체 콧수가 몇 코인지 확인합니다.
❸ 조정한 요크 콧수를 앞뒤 몸판과 좌우 소매 부분의 콧수로 나눕니다. 필요에 따라 거싯 부분의 콧수도 사용해 계산이 맞도록 합니다.
❹ 각 부분의 콧수가 정해졌으면 몸판의 기초코를 만들어 밑단에서 뜨기 시작합니다.
❺ 옆선이 원하는 길이가 될 때까지 뜬 뒤 거싯 부분은 쉬게 하고, 앞뒤 기장 차이가 있을 때는 뒤판만 더 뜹니다.
❻ 소매의 기초코를 만들어 소맷부리에서 뜨기 시작합니다(소매길이를 바꿀 때는 필요에 따라 먼저 소매 밑선의 계산을 해둔다→P.38 참고).
❼ 몸판과 소매에서 코를 주워 요크를 분산 줄임코를 하면서 뜹니다.
❽ 목둘레의 코를 주울 때도 변경한 요크에 따라 조정해 뜹니다. 작게 할 때는 머리가 들어갈 수 있게 주의합니다.

무늬뜨기일 때

【너비(요크)】 중심의 무늬 위치가 달라지지 않게 옆선 쪽에서 조정합니다.
중심이 달라져도 위화감이 없는 무늬라도 좌우 대칭으로 하는 등
전체에서 계산이 맞도록 변경하는 위치를 생각합니다.
【길이】 <몸판/소매> 길이를 정할 때 가급적 무늬를 끝맺기 좋은
위치나 원하는 길이까지로 합니다. 치수를 우선으로 할 때는
요크 시작 위치의 무늬에서 역산해서 밑단은 무늬의
어느 위치에서 뜨기 시작하면 좋을지 확인합니다.

조정의 기준

【너비】 무늬 수를 바꿔 조정할 경우 1무늬의 콧수나 무늬의 모양 등에
따라서도 달라지지만 우선 최소 단위(1~2무늬)로 해결될지를 생각합니다.
작게 할 때는 머리가 들어가도록 목둘레 사이즈에 주의합니다.
【길이】 전체 밸런스에 그다지 영향을 주지 않는 길이는 3cm 정도까지지만,
원하는 대로 정해도 OK.

제도로 바꿀 때의 이미지

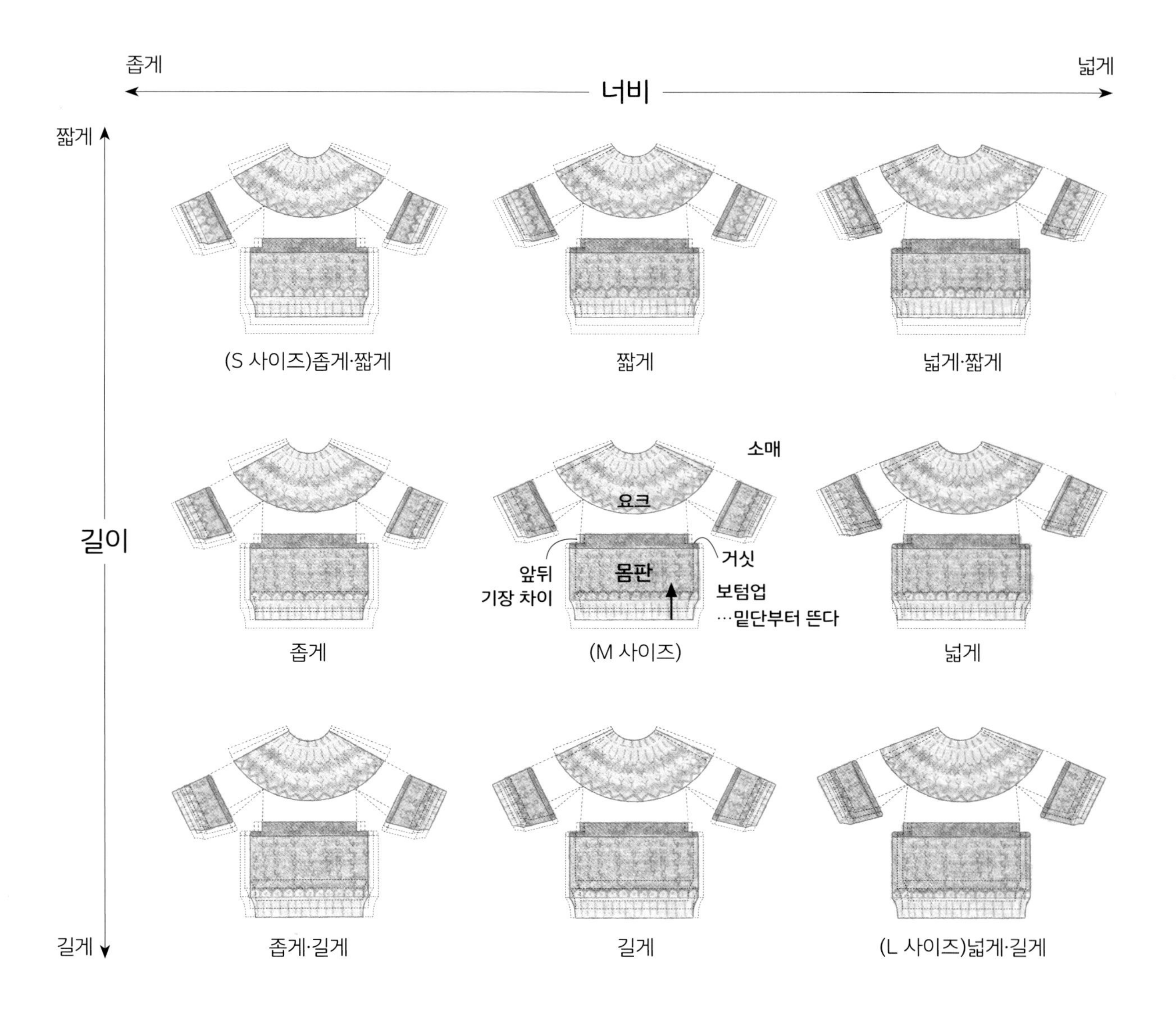

제도로 바꿀 때의 포인트

- 콧수를 바꿔 너비를 조정할 때는 요크 전체를 바꿉니다. 무늬 수를 바꿀지, 1무늬의 콧수를 바꿀지 검토합니다.
- 조정한 콧수를 좌우 대칭으로 넣을 수 있게 앞뒤 몸판·좌우 소매·거싯 부분으로 나눠 계산이 맞도록 합니다. 작게 할 때는 머리가 들어가도록 목둘레 사이즈에 주의합니다.
- 착장은 밑단 부분에서 원하는 만큼 <길게/짧게> 할 수 있습니다. 소매길이는 소맷부리 근처의 평평한 부분에서 원하는 만큼 <길게/짧게> 할 수 있습니다.

여러 고민거리

뜨개를 할 때 자주 있는 고민거리 중에서 실과 바늘, 사이즈에 관한 것을 모아봤습니다.

다른 실로 뜨고 싶어!

패턴에서 사용한 실과 자신이 뜨려는 실이 다를 때, 포인트는 '게이지'입니다.
패턴에 적힌 게이지와 자기가 뜨려는 실로 측정한 게이지의 콧수와 단수가 같거나 가까우면 비슷한 사이즈로 만들 수 있습니다. 다를 경우에는 게이지를 맞춰서 비슷한 사이즈로 뜰지, 다른 게이지로 떠서 달라진 사이즈로 완성해도 괜찮은지 생각해보세요.

❶ 뜨고 싶은 패턴이 정해져 있고 같은 실을 구할 수 없을 때

'가까운 털실 가게에 책에서 지정한 실과 같은 실이 없을' 때나 '오래된 책의 작품을 뜨고 싶지만 실이 생산 중지됐을' 때 등입니다.
손에 넣을 수 있는 실 중에서 질감이 비슷하고 게이지가 가까운 실을 찾습니다. 원래 패턴에서 사용한 실과 사용하려는 실의 표준 게이지를 비교합니다. 사용해도 괜찮을 것 같으면 게이지용 실 1타래를 구입해 실제로 패턴에서 사용한 뜨개법으로 자기의 게이지를 내보세요. 바늘로 조정(P.14)해도 1코·1단 이상 다를 때는 다른 실로 하는 것이 무난합니다. 게이지의 가로(콧수)와 세로(단수)가 완전히 맞지 않을 때는 콧수 게이지를 우선하고, 길이는 단수를 바꿔 조정하면 간단합니다.
일부러 질감이 다른 실을 골라서 즐겨도 좋습니다. 게이지만 맞으면 완성 사이즈도 비슷하게 뜰 수 있습니다. 겨울 실로 뜨는 작품을 여름 실로 바꿀 때는 일반적으로 여름 실이 신축률이 더 낮으니 원래 패턴만큼 여유가 충분히 있는지 확인합니다.

❷ 뜨고 싶은 실이 정해져 있고 패턴이 정해지지 않았을 때

'갖고 있는 실로 뜨고 싶을' 때 등입니다.
실을 살리려면 질감과 게이지가 가까운 패턴을 찾는 것이 만듦새를 상상하기 쉬워서 추천합니다. 게이지가 조금 다를 때는 바늘로 조정(P.14)해보세요. 갖고 있는 실이 가늘 때는 모헤어 등을 합치거나(P.17) 해서 맞출 수 있습니다. 갖고 있는 실이 가늘다면 모헤어에 한하지 않고 여러 실을 합쳐봐서 이상적인 굵기와 질감을 찾아봅니다. 갖고 있는 실이 굵을 때는 다른 패턴을 찾는 편이 무난합니다.

실·패턴을 선택할 때는 여기에 주목!

질감에 관계된다
- 실 소재(울·아크릴·코튼·리넨 등)
- 실 모양(스트레이트·루프 얀·릴리 얀·트위드 등)

게이지에 관계된다
- 실 굵기(극태·병태·합태 등)
- 게이지(10×10cm에 몇 코×몇 단)

P.6 작품을 원래 실과 여름 실로 뜬 스와치

실제 작품의 스와치를 실을 바꿔서 떴습니다. 비슷한 사이즈로 떠지는 실, 아이 사이즈로 떠지는 실 등 취향에 따라 여러 가지를 테스트해봅니다.
※각각의 작품 스와치는 콧수와 단수가 같지 않습니다.

실 변경 1
DARUMA
리넨 라미 코튼 병태
10×10cm에 메리야스뜨기 20코×27단(6호 대바늘)
→같은 콧수와 단수로 뜨면 130cm 아이 사이즈 정도로 뜰 수 있다(P.66)

실 변경 2(참고)
DARUMA
래더 테이프
10×10cm에 메리야스뜨기 15.5코×20.5단(14호 대바늘)
→같은 콧수와 단수로 뜨면 원래 작품과 비슷한 사이즈로 뜰 수 있다

원래 작품(여성 M 사이즈)
DARUMA
긱
10×10cm에 메리야스뜨기 15코×21단(12호 대바늘)

실을 구입할 때 주의점·로트가 다를 때는?

실을 구입할 때는 색 번호뿐 아니라 로트(염색 가마 번호, 실 라벨에 표기되어 있다)를 맞춰서 구입합니다. 색 번호가 같아도 로트가 다르면 색깔이 미묘하게 다릅니다. 처음부터 한 벌을 뜰 분량을 한꺼번에 구입하기를 권하지만 아슬아슬하게 부족해서 1타래를 추가로 샀다가 로트가 달랐을 때는 이런 방법이 있습니다.

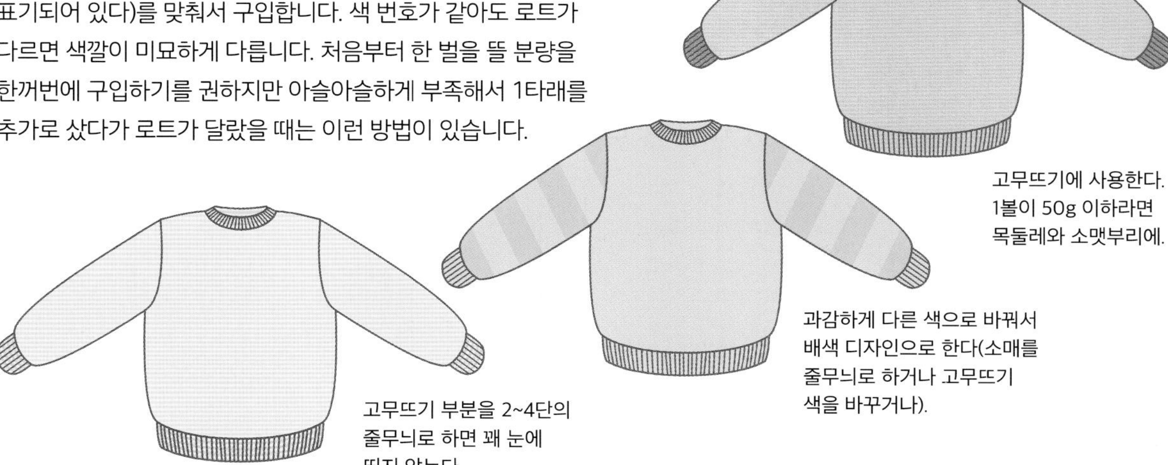

고무뜨기 부분을 2~4단의 줄무늬로 하면 꽤 눈에 띄지 않는다.

과감하게 다른 색으로 바꿔서 배색 디자인으로 한다(소매를 줄무늬로 하거나 고무뜨기 색을 바꾸거나).

고무뜨기에 사용한다. 1볼이 50g 이하라면 목둘레와 소맷부리에.

게이지가 안 맞는다!

'패턴과 같은 실로 떴는데 게이지가 맞지 않는다', '게이지를 맞춰서 시작했는데 도중에 달라졌다'
그럴 때 포인트는 '바늘 굵기'와 '입기 편하게 완성하는 것'입니다. 우선 바늘 굵기로 조정(P.14)합니다.
게이지가 도중에 달라졌을 때도 마찬가지입니다. 그러나 상당히 진행되었다면,
최종적으로 좌우지간 입기 편한 사이즈로 완성하는 방법을 찾습니다.

❶ 패턴과 같은 실을 사용했는데 게이지가 맞지 않는다

니터의 장력에 따라 다소 차이가 나는 것은 흔한 일입니다. 바늘 굵기를 1호씩 <크게/작게> 해서 다시 한번 게이지를 내보세요(P.14). 이 방법으로 해결되지 않을 때는 약간 크게 하려면 가는 실을 합쳐봅니다(P.17). 콧수와 단수가 딱 맞아떨어지지 않을 때는 콧수 게이지를 우선해서 맞추고, 길이는 단수를 조정하는 편이 간단합니다.

❷ 원래 패턴과 다른 실로 뜨고 싶지만 게이지가 맞지 않는다

게이지가 전혀 다른 실로 뜨고 있지 않나요? 원래 패턴과 같은 사이즈로 완성하고 싶을 때는 게이지가 크게 다른 실은 사용하지 않도록 합니다. 차이가 적다면 우선 바늘 굵기로 조정하는 방법(P.14)을 시도해보세요. 원래 패턴에서 사용한 실보다 가는(게이지가 작은) 실을 사용할 때는 다른 실을 합쳐서 게이지를 맞출 수도 있습니다(P.17).

❸ 뜨는 도중에 게이지가 달라졌을 때

일정한 장력으로 계속 뜨려면 숙달이 필요합니다. 게이지를 낸 스와치는 뜨개를 끝낼 때까지 옆에 두고 뜨개를 뜨면서 게이지가 달라지지 않았는지 자주 비교하며 뜹니다. 그래도 도중에 달라져 <느슨해/팽팽해>졌을 때는 깨달은 시점에 바늘 굵기를 1호 <작게/크게> 해보세요. 또 겉뜨기나 안뜨기 어느 한쪽 단만 <느슨해/팽팽해>질 때는 <느슨해/팽팽해>지는 단만 1호 <작은/큰> 바늘로 바꿔 균형을 유지하는 비법도 있습니다. 장력이 달라지지 않는 동안 단시간에 뜨개를 끝내는 것도 요령입니다.

❹ 상당히 진행된 뒤에 게이지가 달라진 것을 알았을 때

시간이 없을 때 등 다시 뜨지 않고 여하튼 사이즈가 맞게끔 완성하고 싶을 경우의 비법입니다.
【몸판을 가슴 부분까지 뜬 뒤 너비나 길이 치수가 <큰/작은> 것을 알았을 때】…너비는 다른 몸판 1장의 기초코를 <적게/많이> 하고, 소매 밑선의 평평한 부분을 <적게/많이> 합니다. 길이는 필요한 치수까지 <풂/더 뜹>니다. 밑단 고무뜨기를 나중에 뜰 경우, 거기서 <길게/짧게> 할 수도 있습니다.
【소매를 1장 뜬 뒤 너비나 길이 치수가 <큰/작은> 것을 알았을 때】…약간 크다면 마무리할 때 안으로 꿰매서 치수를 비슷하게 할 수 있습니다. 약간 작다면 소매산을 풀고 더 떠서 치수를 비슷하게 할 수 있습니다.
모두 세트인 슬리브 스웨터일 때 가능합니다. 무늬뜨기일 때는 무늬가 나타나는 모양에도 주의해야 합니다.
【약간 작은 치수로 완성됐을 때】…스팀다리미로 마무리해 치수를 키울 수 있습니다. 실과 편물에 따라서도 달라지지만 전체에서 가로세로 3cm 정도를 조정의 기준으로 합니다. 원하는 치수가 되게 핀을 꽂고 스팀을 가득 분사한 뒤 그 상태로 하루 동안 놔둡니다.
이 경우 입는 사람이 거슬리지 않으면 문제없으며, 거슬린다면 다시 뜨는 편이 기분 좋게 입을 수 있습니다.

형태를 바꾼다

무늬를 살려서 실루엣(형태)을 바꾸고 싶을 때 또는 실루엣(형태)을 살려서 무늬를 바꾸고 싶을 때는
비슷한 게이지의 마음에 든 <무늬/실루엣(형태)>의 패턴을 찾아서 콧수와 단수 또는
증감코의 계산을 이용하면 바꿀 수 있습니다. 게이지가 다르면 계산이 달라지므로 이용할 수 없습니다.
더 자유롭게 소재·무늬·실루엣을 조합하고 싶을 때는 제도와 디자인 공부가 필요합니다.

쉽게 디자인을 변경하는 힌트

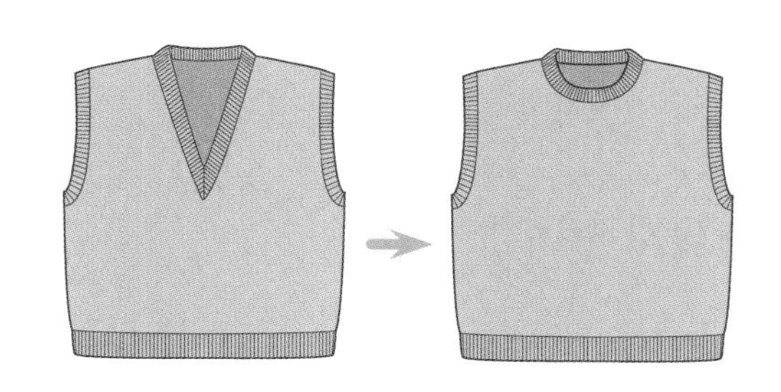

브이넥을 라운드넥으로 바꾸고 싶다

뒤판을 뜨는 방법을 이용해 무늬를 연장해
뜨고 목둘레를 만듭니다.

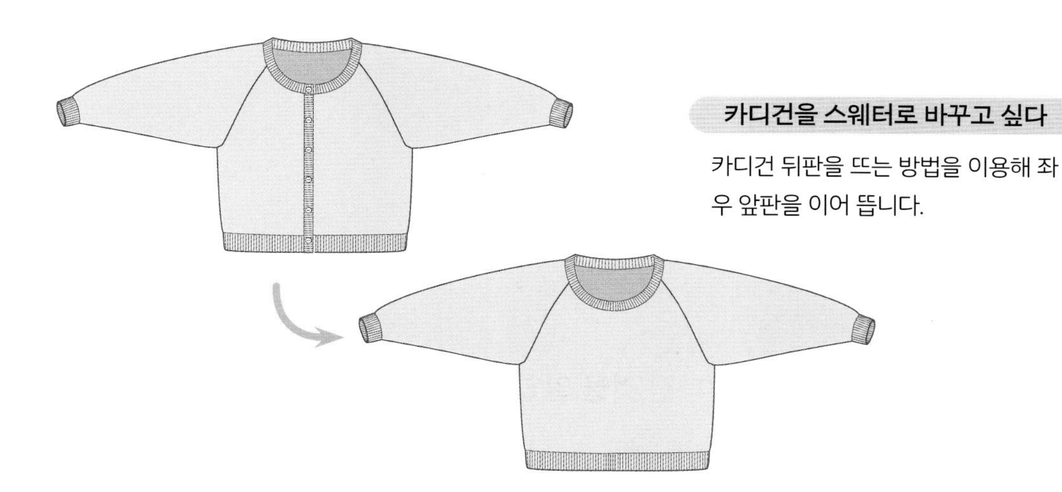

카디건을 스웨터로 바꾸고 싶다

카디건 뒤판을 뜨는 방법을 이용해 좌
우 앞판을 이어 뜹니다.

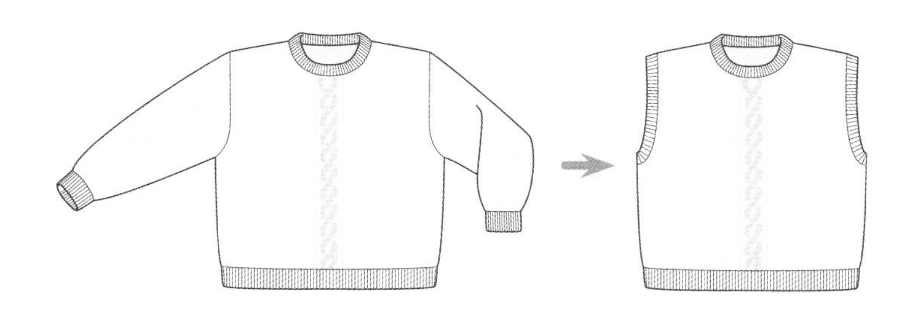

스웨터를 베스트로 바꾸고 싶다

진동둘레 위치를 내리고 안으로 옮겨
평평한 부분을 늘입니다. 소매를 뜨지
않고 고무뜨기를 뜨는 부분의 조정입
니다. 진동둘레에서 코를 주워 고무뜨
기를 뜹니다.

예시1 스웨터를 카디건으로

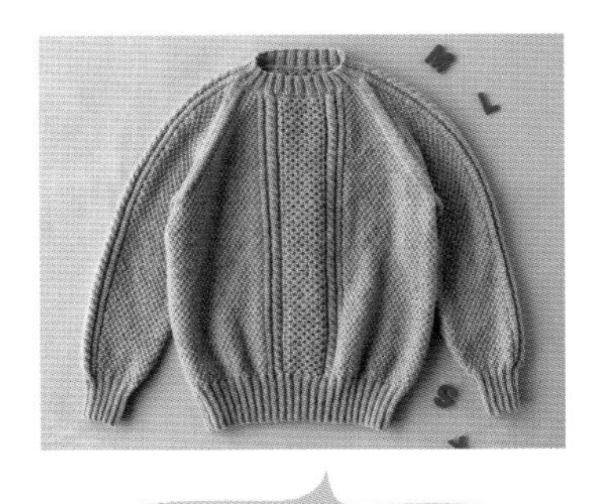

이걸 카디건으로

실제로 수록 작품을 변형했습니다. P.5 보텀업 래글런 스웨터를 카디건으로 바꾸는 방법입니다. 앞판을 몸판 중심에서 반으로 나누고 앞단의 코 줍기를 계산해 뜹니다. 단춧구멍 위치에는 '평균 계산(P.36)'을 활용했습니다.
앞트임이 되므로 목둘레와 밑단 고무뜨기의 콧수도 조정합니다.
뒤판과 소매는 원래 디자인을 그대로 사용합니다(P.62).
고무뜨기 게이지는 뒤 밑단을 먼저 뜬 뒤 측정해 정합니다.

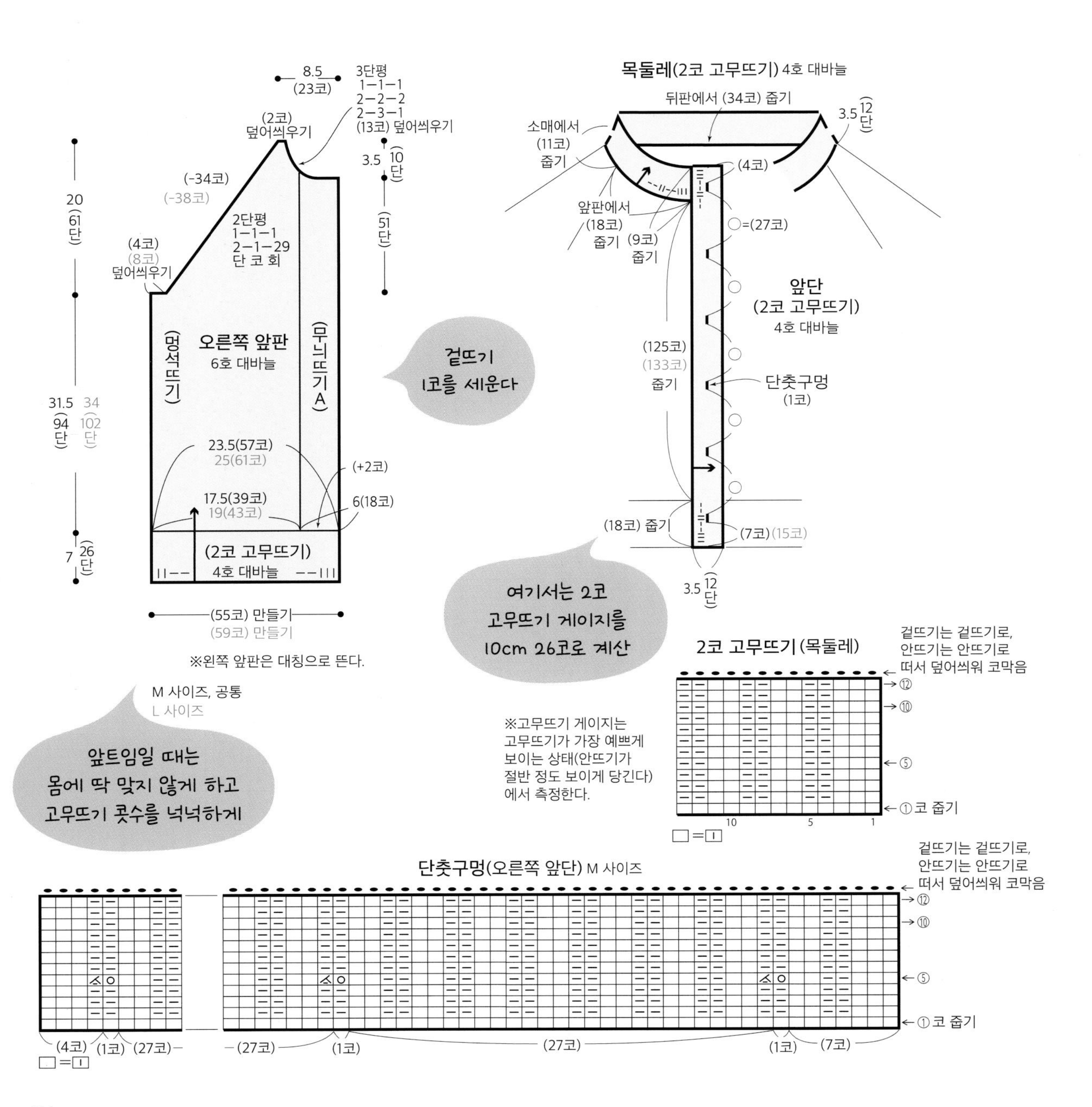

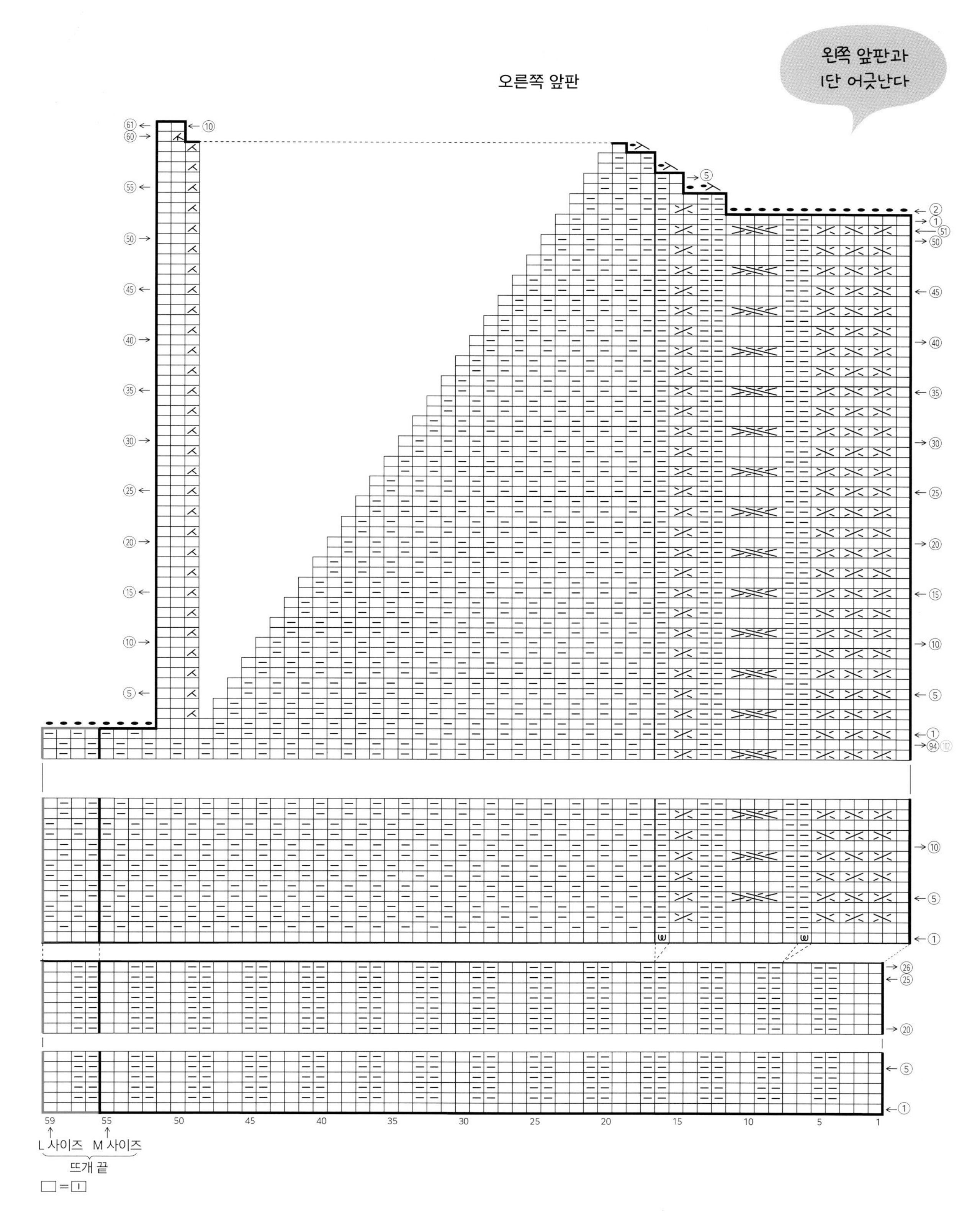

오른쪽 앞판
왼쪽 앞판과
1단 어긋난다
61
60
10
55
50
45
40
35
30
25
20
15
10
5
5
2
1
51
50
45
40
35
30
25
20
15
10
5
1
94 102
10
5
1
26
25
20
5
1
59
55
50
45
40
35
30
25
20
15
10
5
1
L 사이즈
M 사이즈
뜨개 끝

예시2 스웨터를 베스트로

P.4 기본 스웨터를 브이넥 베스트로 바꾸는 방법입니다. 목둘레는 라운드넥을 브이넥으로 만들기 위해 앞판에 브이자 트임의 목둘레를 만듭니다.
진동둘레에는 소매를 달지 않고 고무뜨기를 뜨므로 진동둘레 위치를 내리고 어깨너비를 좁혀서 파임을 크게 냅니다. 곡선 부분은 바꾸지 않습니다.
진동둘레에서 코를 주워 고무뜨기를 뜹니다. 진동둘레, 목둘레의 고무뜨기 코를 줍는 콧수는 먼저 뜬 몸판을 측정해 게이지를 내서 계산합니다.

이걸 베스트로

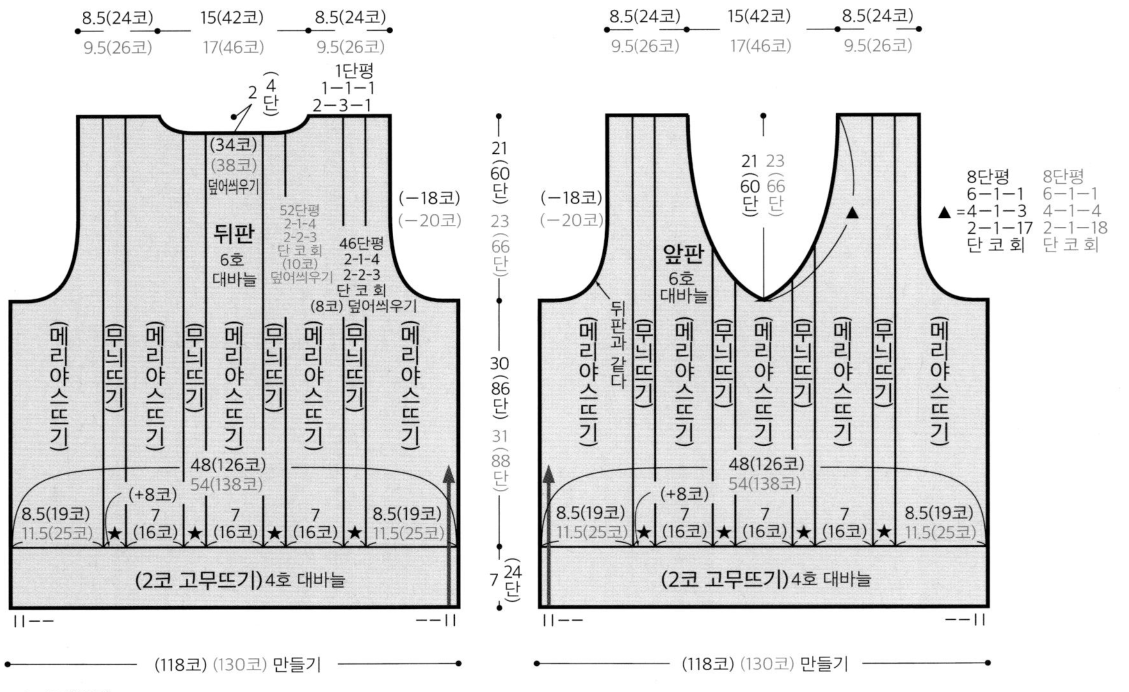

★=2.5(10코)
M 사이즈, 공통
L 사이즈

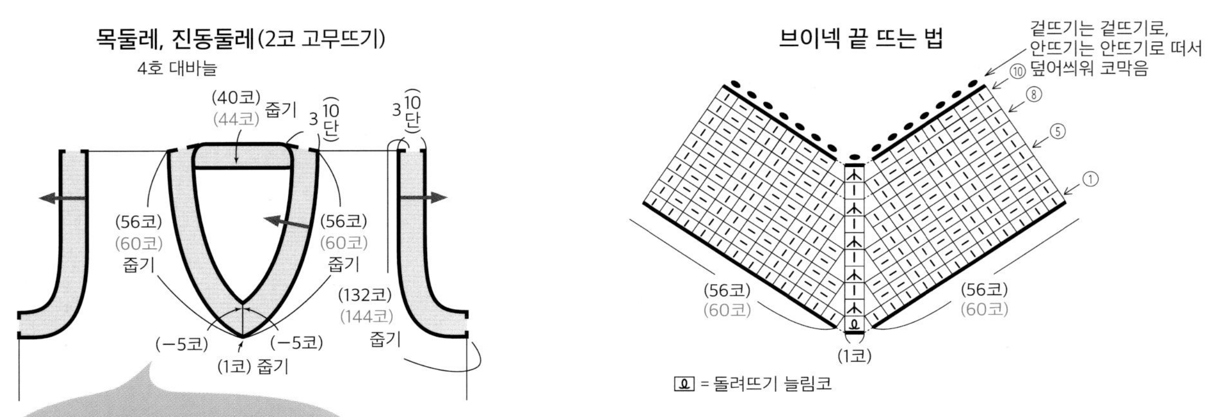

※고무뜨기 게이지는 고무뜨기가 가장 예쁘게 보이는 상태(안뜨기가 절반 정도 보이게 당긴다)에서 측정한다.

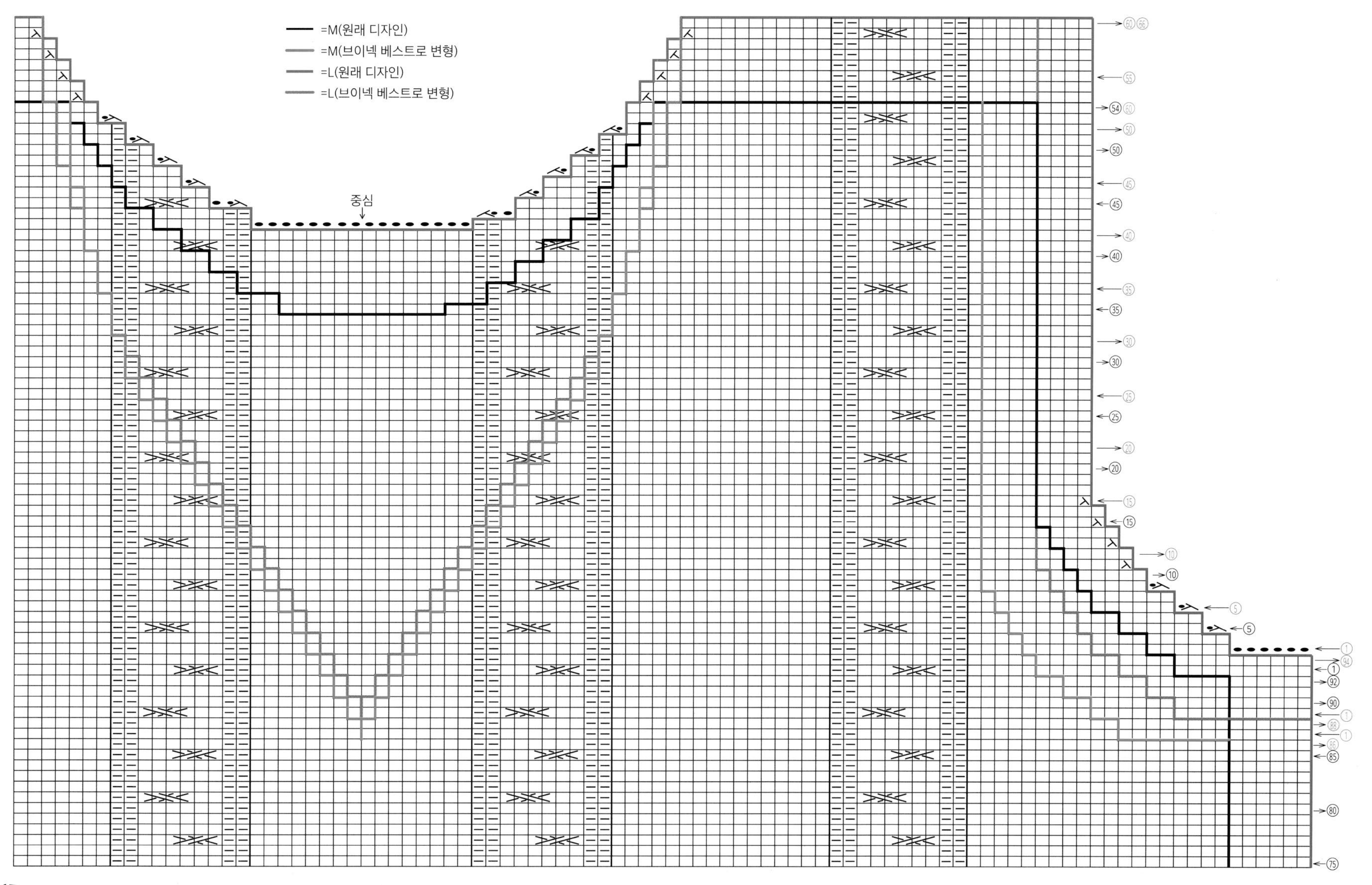
=M(원래 디자인)
=M(브이넥 베스트로 변형)
=L(원래 디자인)
=L(브이넥 베스트로 변형)
중심

기본 스웨터

※베스트로 변형 P.56

재료와 도구

하마나카 소노모노 알파카 울 '병태' 연갈색(62)
M: 480g 12볼 L: 560g 14볼
대바늘 6호 · 4호

완성 사이즈

M: 가슴둘레 96cm 어깨너비 36cm 옷기장 58cm 소매길이 55.5cm
L: 가슴둘레 108cm 어깨너비 40cm 옷기장 61cm 소매길이 57cm

게이지(10×10cm)

메리야스뜨기 22코×28.5단

뜨는 법 포인트

● 몸판, 소매…손가락에 실을 걸어서 기초코를 만들어 뜨기 시작해 2코 고무뜨기로 뜹니다. 이어서 메리야스뜨기, 무늬뜨기를 배치해 뜨는데, 무늬뜨기 1단에서 코를 늘립니다. 줄임코는 2코 이상은 덮어씌우기, 1코는 가장자리 1코 세워 줄이기를 합니다. 늘림코는 1코 안쪽에서 돌려뜨기 늘림코를 합니다.

● 마무리…어깨는 덮어씌워 잇기, 옆선·소매 밑선은 떠서 꿰매기를 합니다. 목둘레는 지정 콧수를 주워 2코 고무뜨기로 원형으로 뜹니다. 뜨개 끝은 겉뜨기는 겉뜨기로, 안뜨기는 안뜨기로 떠서 덮어씌워 코막음합니다. 소매는 빼뜨기로 꿰매기해 몸판과 연결합니다.

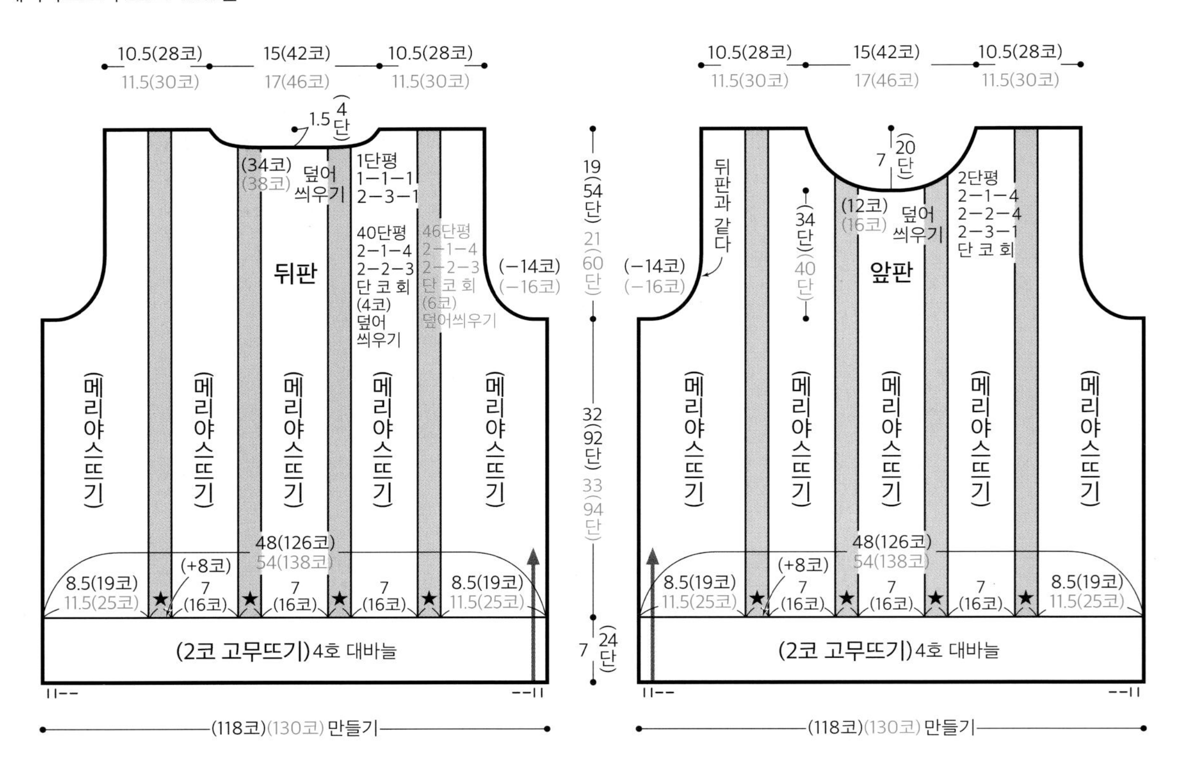

※지정한 것 이외에는 6호 대바늘로 뜬다.
★=2.5(10코)
▒ =(무늬뜨기)
M 사이즈, 공통
L 사이즈

목둘레(2코 고무뜨기) 4호 대바늘

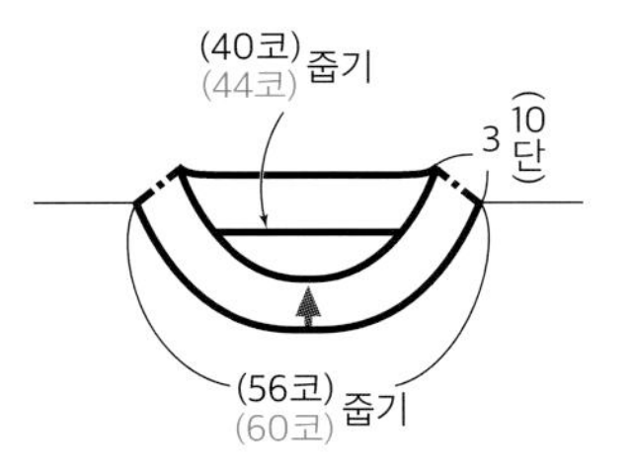

2코 고무뜨기

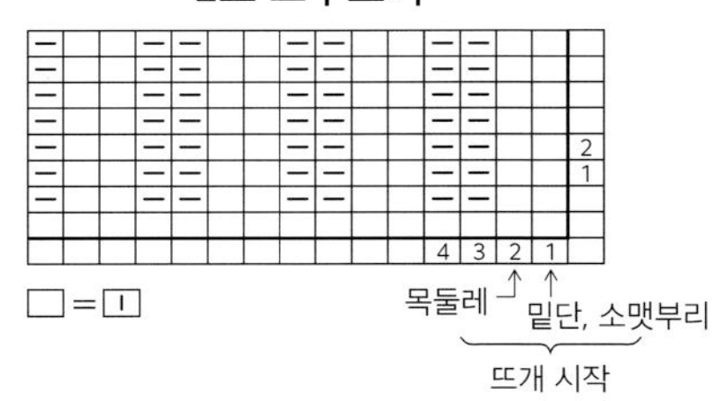

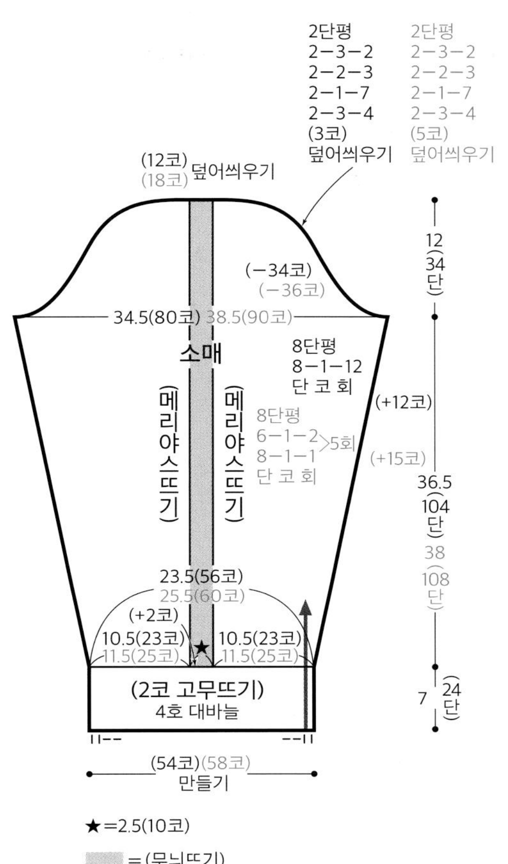

★=2.5(10코)

▒ =(무늬뜨기)

무늬뜨기

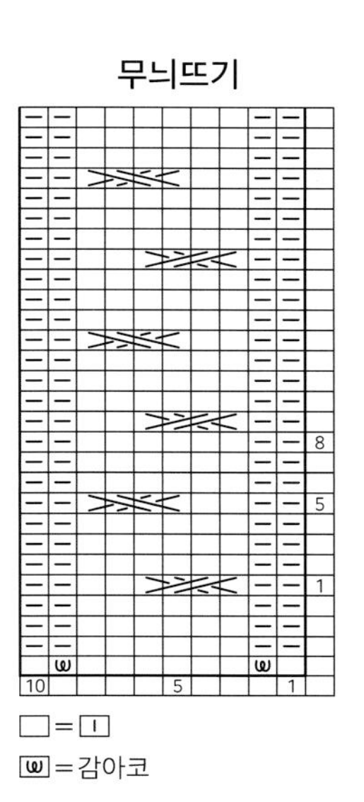

진동둘레의 줄임코

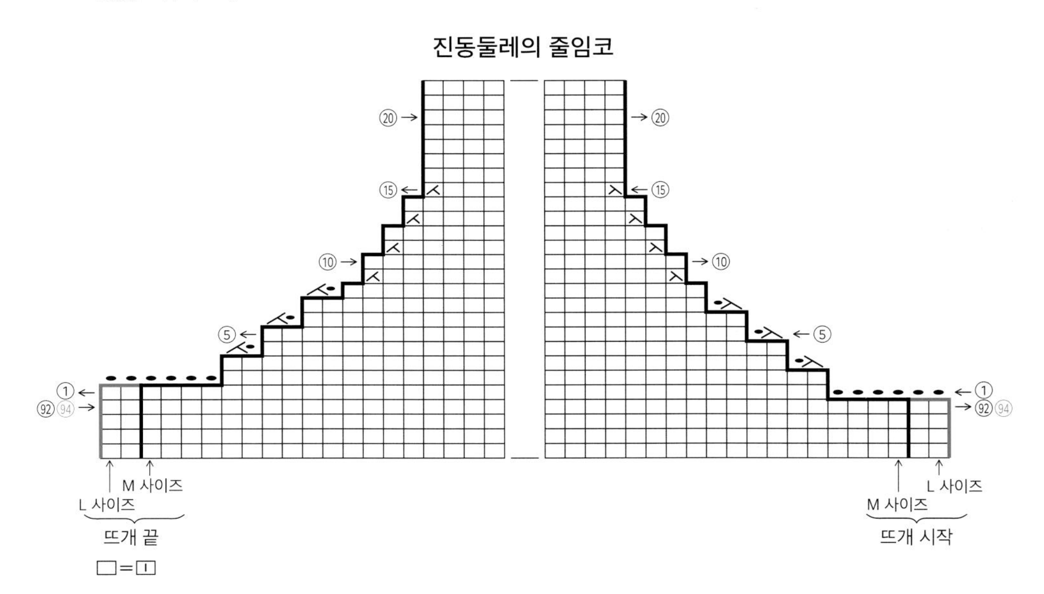

다음 페이지에 계속

뒤목둘레의 줄임코(M 사이즈)

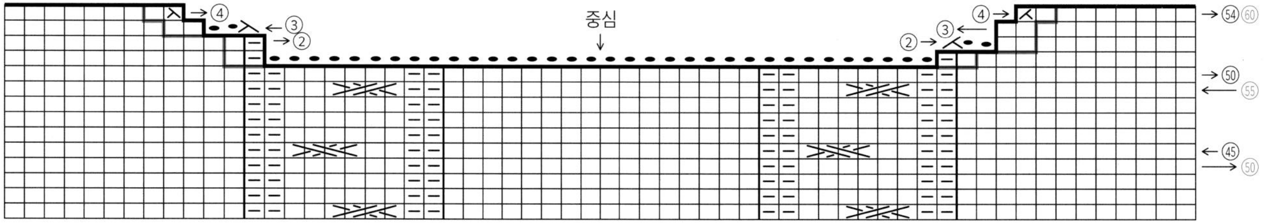

□=□
―― =L 사이즈

앞목둘레의 줄임코(M 사이즈)

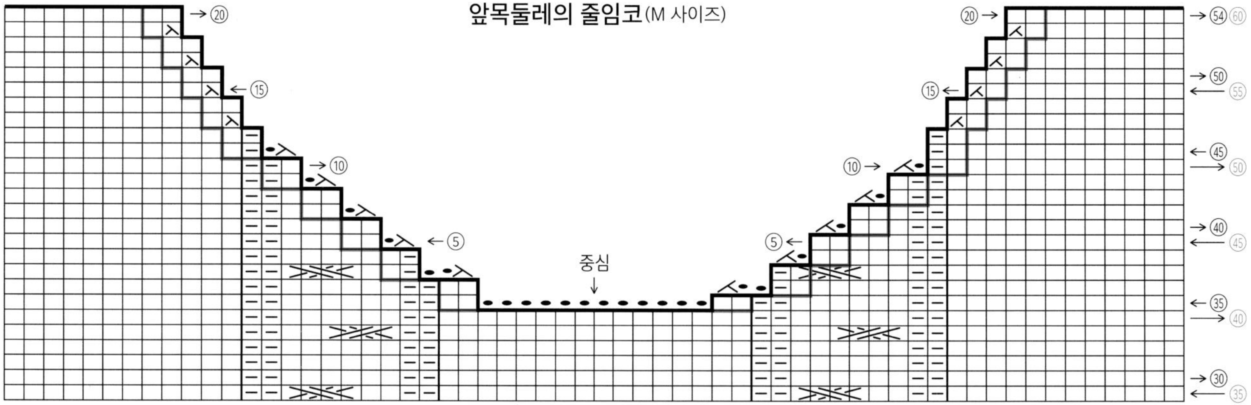

□=□
―― =L 사이즈

소매산의 줄임코(L 사이즈)

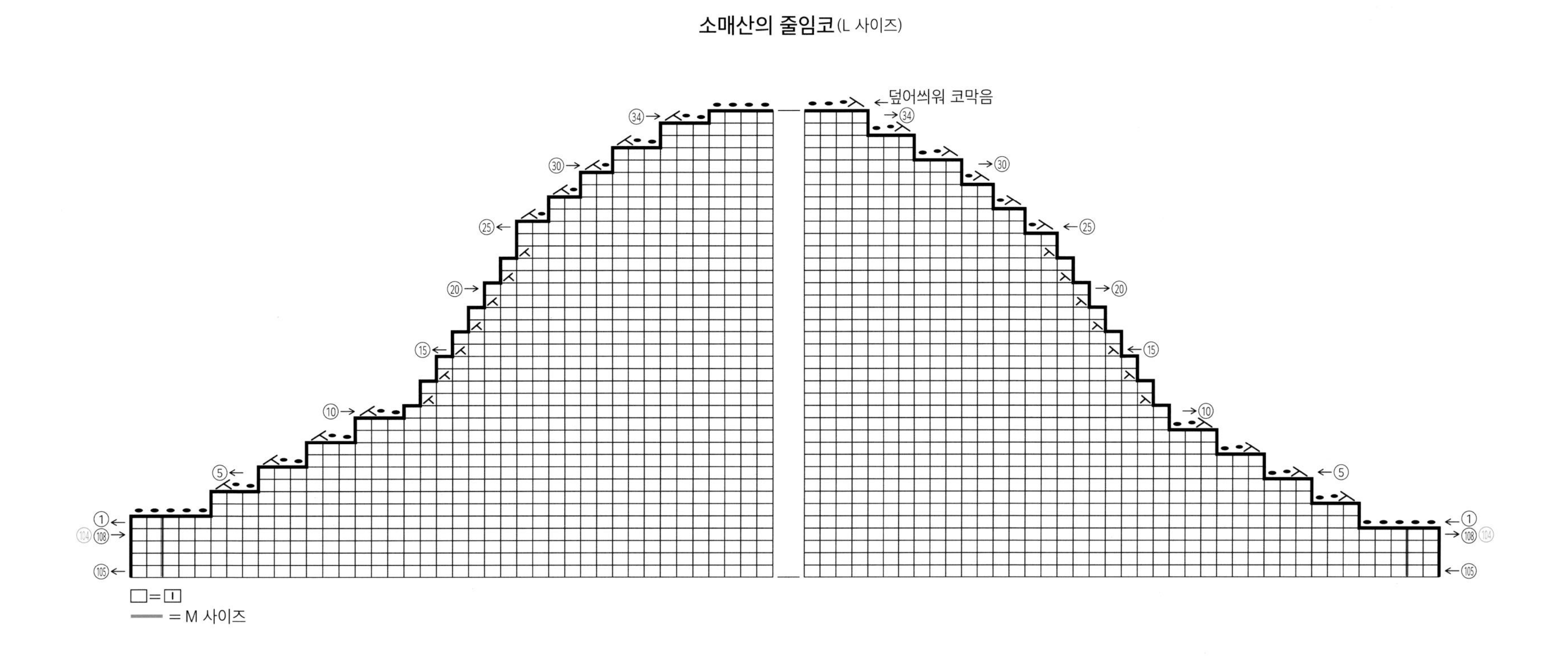

보텀업 래글런 스웨터

※카디건으로 변형 P.54

재료와 도구

하마나카 아메리
M: 차이나블루(29) 445g 12볼
L: 그레이(22) 500g 13볼
대바늘 6호 · 4호

완성 사이즈

M: 가슴둘레 100cm 착장 60.5cm 화장 73.5cm
L: 가슴둘레 108cm 착장 63cm 화장 76cm

게이지(10×10cm)

멍석뜨기 22코×30단, 무늬뜨기 A 28코×30단

뜨는 법 포인트

● 몸판, 소매…손가락에 실을 걸어서 기초코를 만들어 뜨기 시작해 2코 고무뜨기로 뜹니다. 이어서 몸판은 멍석뜨기와 무늬뜨기 A, 소매는 멍석뜨기와 무늬뜨기 B로 뜹니다. 래글런선·목둘레의 줄임코는 도안을 참고하세요. 소매 밑선의 늘림코는 1코 안쪽에서 돌려뜨기 늘림코를 합니다.

● 마무리…래글런선·옆선·소매 밑선은 떠서 꿰매기, 거싯의 코는 메리야스 잇기를 합니다. 목둘레는 지정 콧수를 주워 2코 고무뜨기로 원형으로 뜹니다. 뜨개 끝은 겉뜨기는 겉뜨기로, 안뜨기는 안뜨기로 떠서 덮어씌워 코막음합니다.

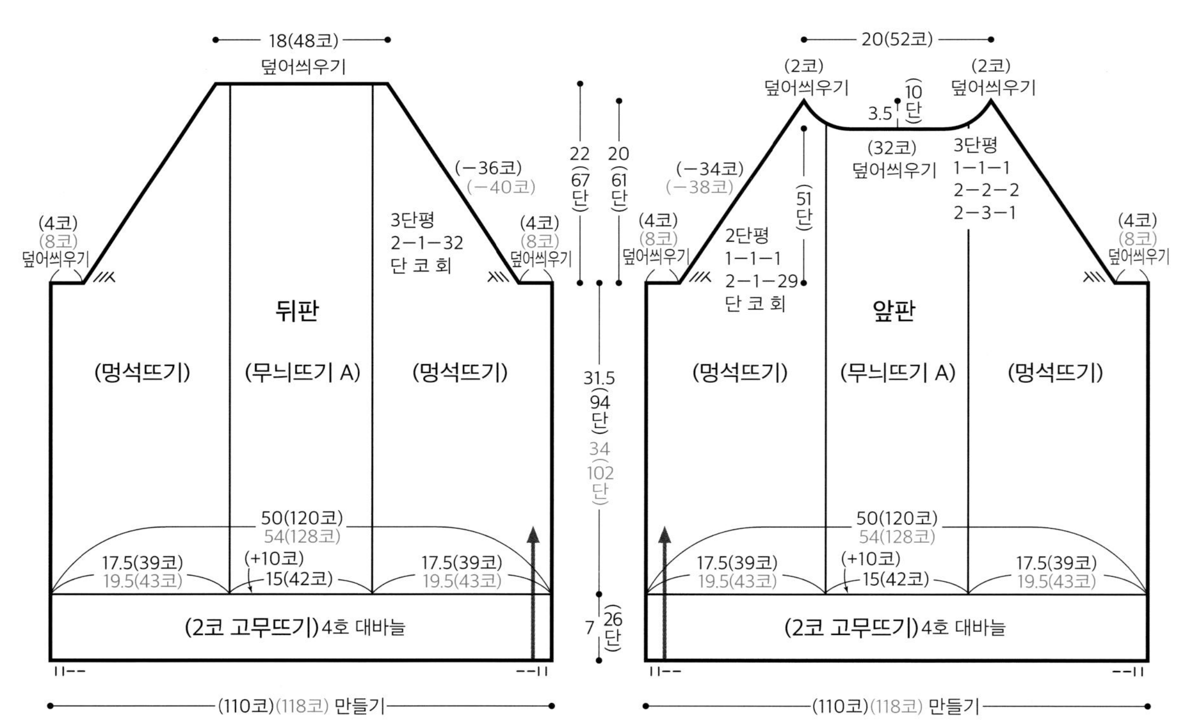

※지정한 것 이외에는 6호 대바늘로 뜬다.
M 사이즈, 공통
L 사이즈

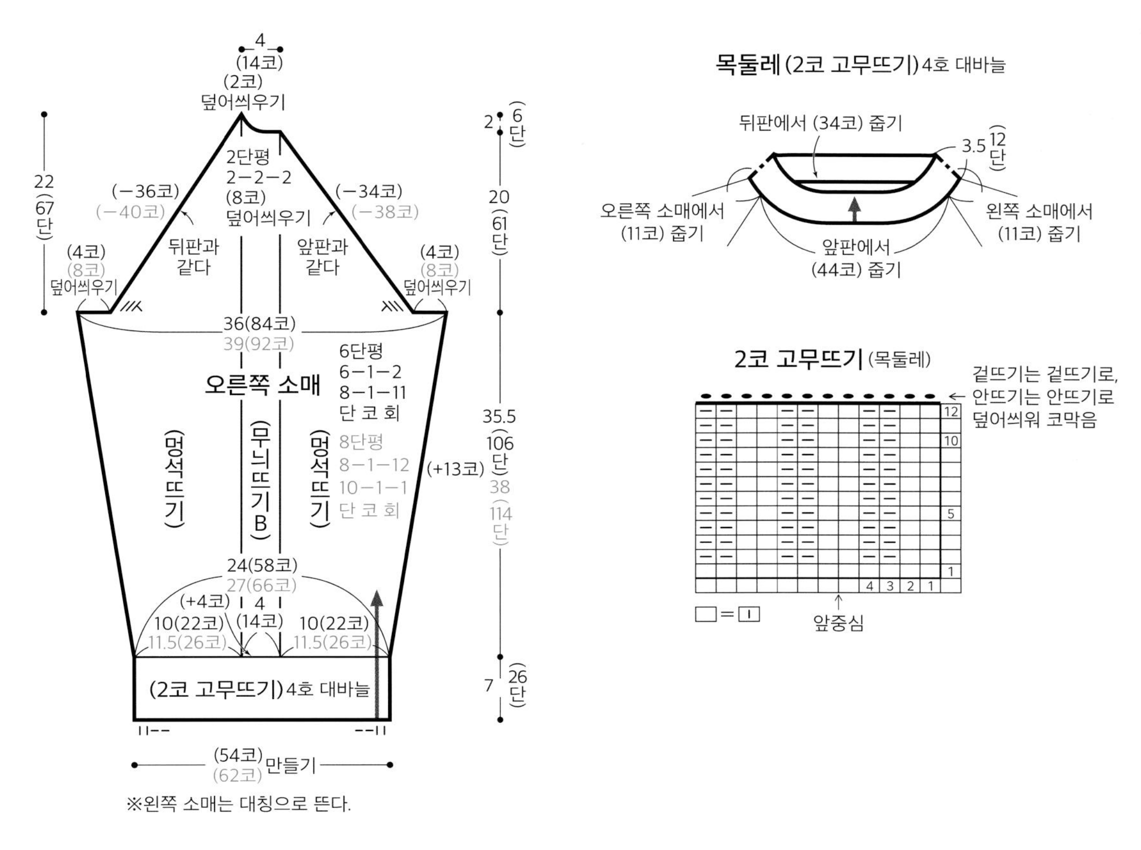
4
(14코)
(2코)
덮어씌우기
2단평
2−2−2
(8코)
덮어씌우기
(−36코)
(−40코)
(−34코)
(−38코)
뒤판과
같다
앞판과
같다
22
(67단)
(4코)
(8코)
덮어씌우기
36(84코)
39(92코)
오른쪽 소매
6단평
6−1−2
8−1−11
단 코 회
8단평
8−1−12
10−1−1
단 코 회
(멍석뜨기)
(무늬뜨기 B)
(+13코)
24(58코)
27(66코)
(+4코)
4
(14코)
10(22코)
11.5(26코)
(2코 고무뜨기) 4호 대바늘
2 (6단)
20 (61단)
35.5 (106단)
38 (114단)
7 (26단)
(54코)
(62코)
만들기
※왼쪽 소매는 대칭으로 뜬다.
목둘레 (2코 고무뜨기) 4호 대바늘
뒤판에서 (34코) 줍기
3.5 (12단)
오른쪽 소매에서
(11코) 줍기
왼쪽 소매에서
(11코) 줍기
앞판에서
(44코) 줍기
2코 고무뜨기 (목둘레)
겉뜨기는 겉뜨기로,
안뜨기는 안뜨기로
덮어씌워 코막음
앞중심

무늬뜨기 A

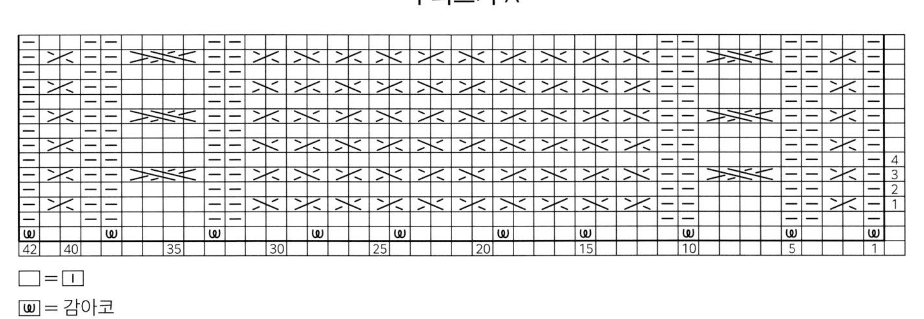
42
40
35
30
25
20
15
10
5
1
= 감아코

무늬뜨기 B
14
10
5
1
=감아코
멍석뜨기
소매 오른쪽
앞뒤 몸판, 소매 왼쪽
뜨개 시작
2코 고무뜨기 (밑단, 소맷부리)

다음 페이지에 계속

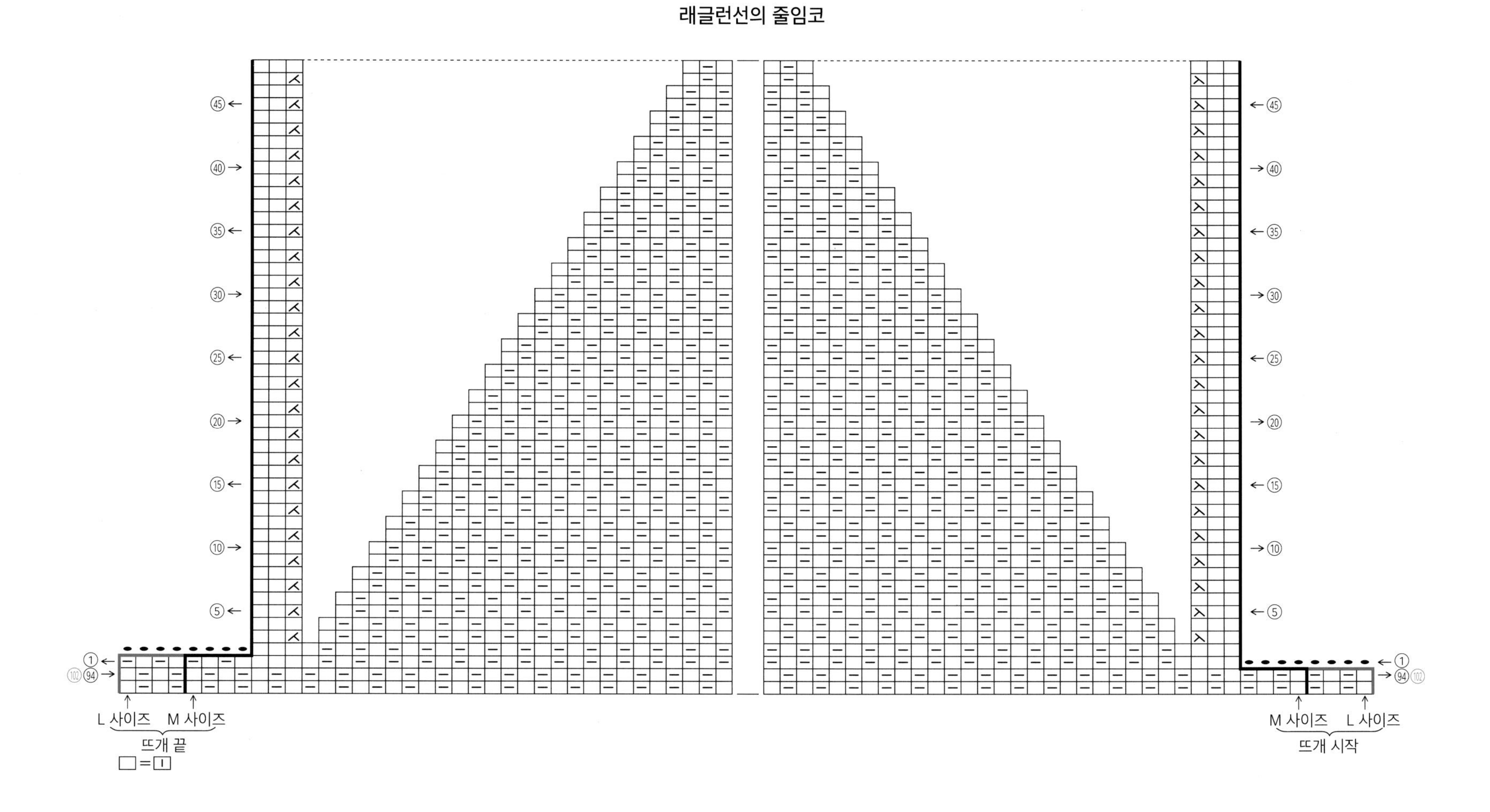
래글런선의 줄임코
L 사이즈
M 사이즈
뜨개 끝
뜨개 시작
①
94
102
5
10
15
20
25
30
35
40
45

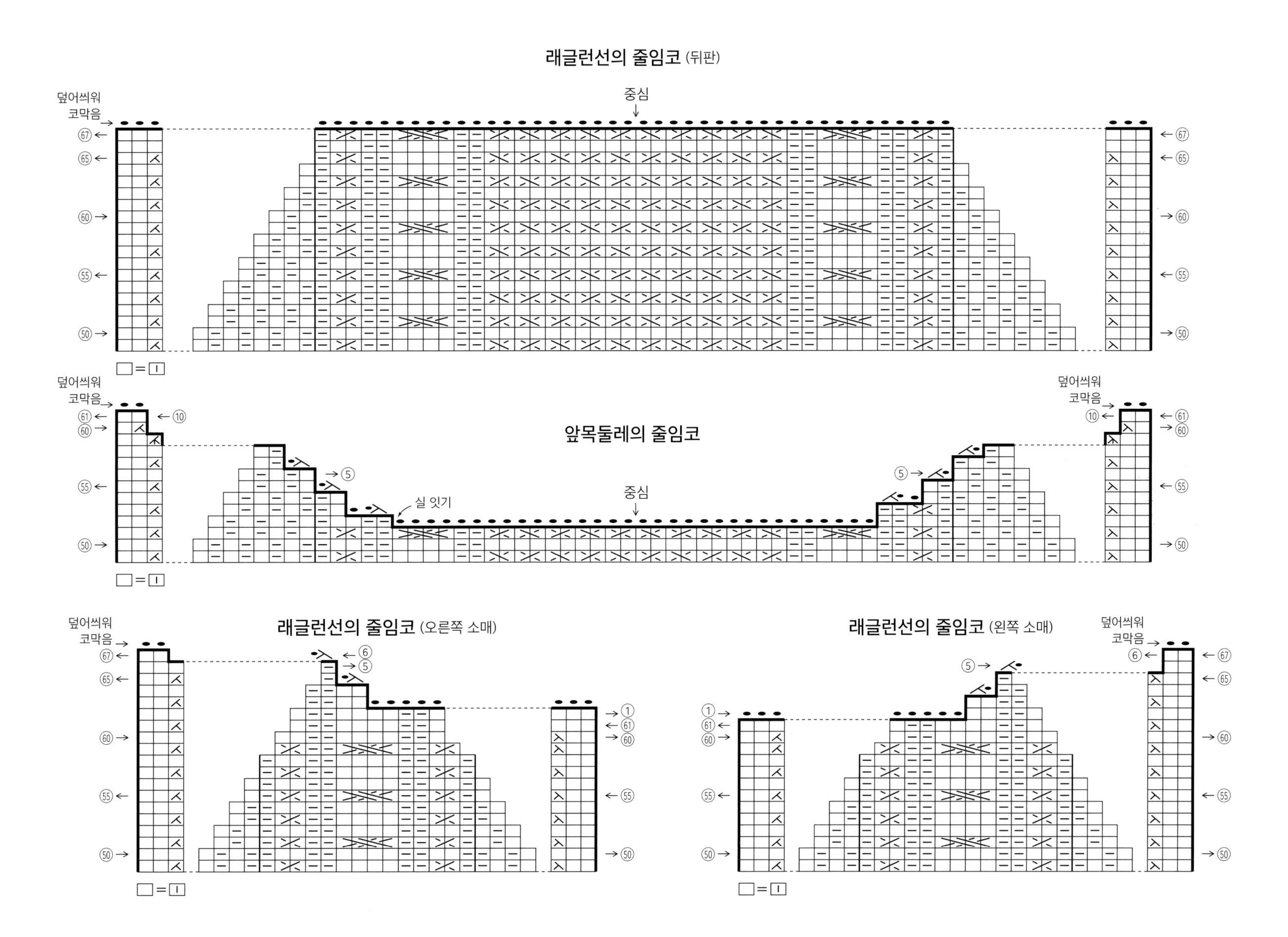
래글런선의 줄임코 (뒤판)
중심
덮어씌워 코막음
□=▯
앞목둘레의 줄임코
실 잇기
중심
덮어씌워 코막음
□=▯
래글런선의 줄임코 (오른쪽 소매)
덮어씌워 코막음
□=▯
래글런선의 줄임코 (왼쪽 소매)
덮어씌워 코막음
□=▯

톱다운 래글런 카디건 ► 

※변형 스와치 P.51

재료와 도구

DARUMA 긱 토마토×블루(5)
M: 290g 10볼 L: 345g 12볼
변형 1: DARUMA 리넨 라미 코튼 병태 프레시그린(11) 300g 6볼
M · L: 대바늘 12호 · 13호 · 14호
변형 1: 대바늘 6호 · 7호 · 8호

완성 사이즈

M: 가슴둘레 112cm 착장 49cm 화장 56.5cm
L: 가슴둘레 122cm 착장 53cm 화장 60.5cm
변형 1: 가슴둘레 83.5cm 착장 38cm 화장 43.25cm

게이지(10×10cm)

M · L: 메리야스뜨기 15코×21단
변형 1: 메리야스뜨기 20코×27단

뜨는 법 포인트

● 손가락에 실을 걸어서 기초코를 만들어 뜨기 시작해 목둘레를 1코 고무뜨기로 게이지 조정을 하면서 뜹니다. 이어서 메리야스뜨기와 1코 고무뜨기로 요크를 뜹니다. 늘림코는 도안을 참고하세요. 뒤판에 6단을 더 떠서 앞뒤 차이를 둡니다. 앞뒤 몸판은 거싯의 별도 사슬과 요크에서 코를 주워 메리야스뜨기와 1코 고무뜨기로 뜹니다. 뜨개 끝은 겉뜨기는 겉뜨기로, 안뜨기는 안뜨기로 떠서 덮어씌워 코막음합니다. 소매는 요크의 쉼코와 거싯의 별도 사슬을 푼 코와 앞뒤 차가 있는 부분에서 코를 주워 메리야스뜨기와 1코 고무뜨기로 원형으로 뜹니다. 뜨개 끝은 밑단처럼 정리합니다.

※변형 2는 DARUMA 래더 테이프 네이비×그린(5)을 약 400g 8볼 사용해 원래 작품의 12호·13호 대바늘을 14호 대바늘로, 14호 대바늘을 15호 대바늘로 바꿔 M 사이즈처럼 뜬다. 너비는 M 사이즈보다 넓어지고, 길이는 M 사이즈보다 짧아진다.

목둘레(1코 고무뜨기) 게이지 조정

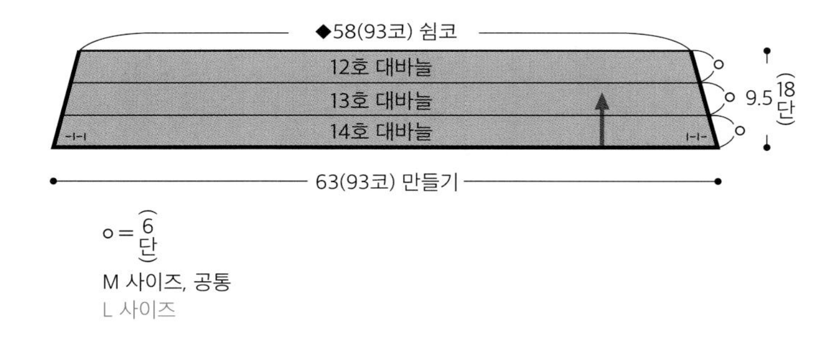

1코 고무뜨기(목둘레)

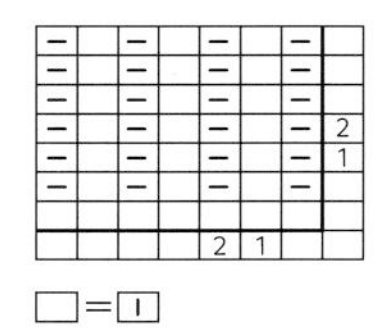

1코 고무뜨기(소맷부리)

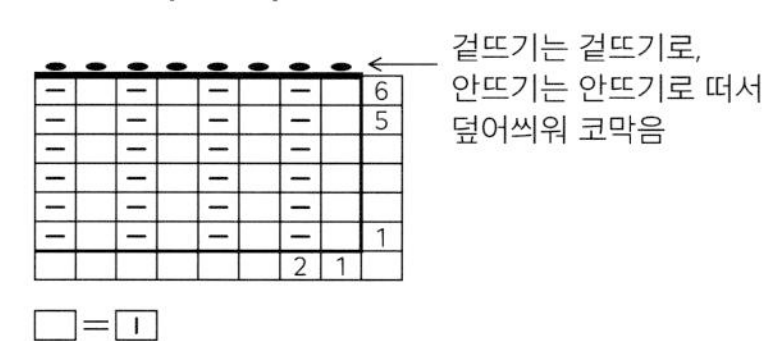

M · L 사이즈

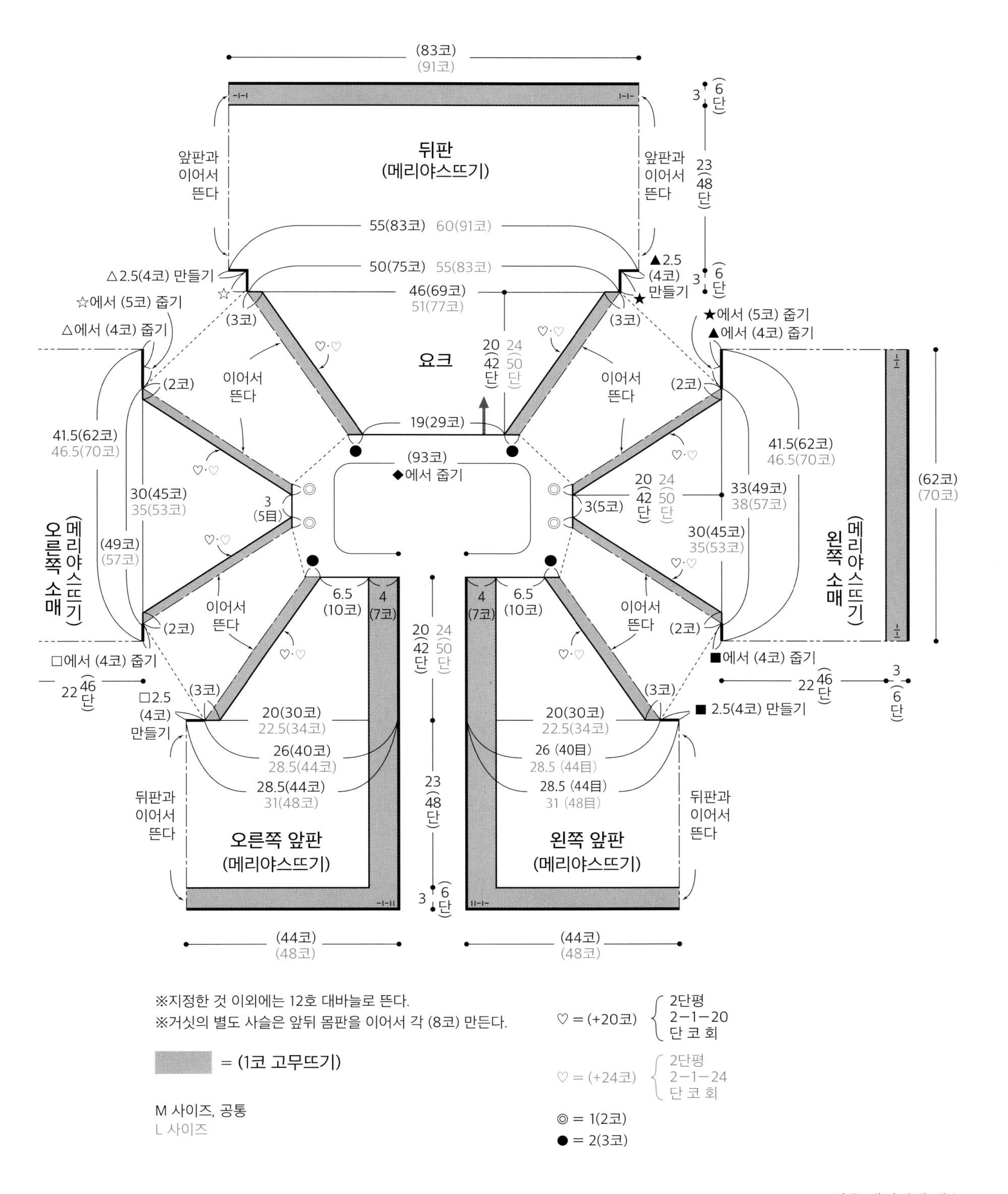

※지정한 것 이외에는 12호 대바늘로 뜬다.
※겨싓의 별도 사슬은 앞뒤 몸판을 이어서 각 (8코) 만든다.

▒ = (1코 고무뜨기)

M 사이즈, 공통
L 사이즈

♡ = (+20코) { 2단평 2−1−20 단 코 회

♡ = (+24코) { 2단평 2−1−24 단 코 회

◎ = 1(2코)
● = 2(3코)

다음 페이지에 계속

변형 1

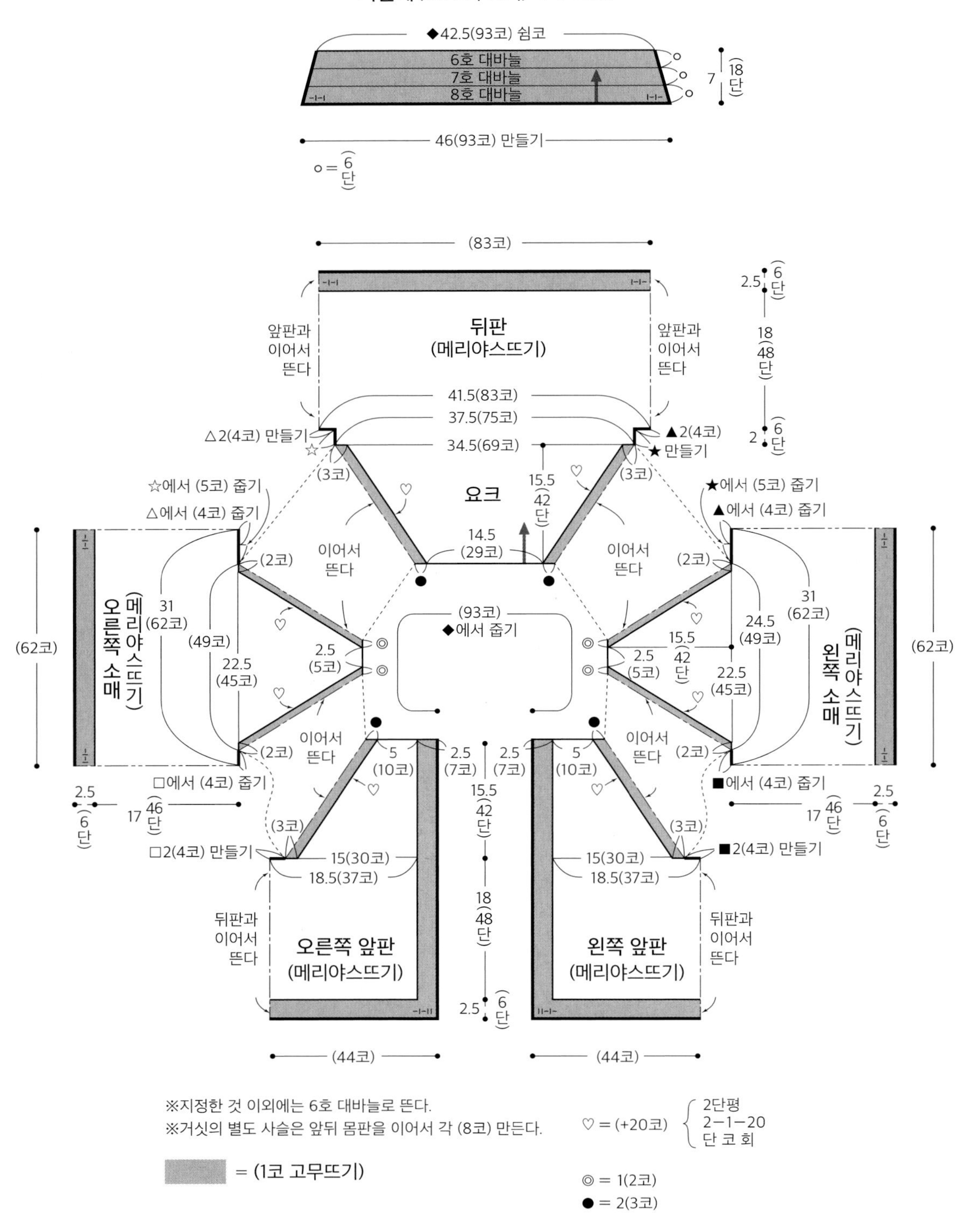

※지정한 것 이외에는 6호 대바늘로 뜬다.
※거싯의 별도 사슬은 앞뒤 몸판을 이어서 각 (8코) 만든다.

▒ = (1코 고무뜨기)

♡ = (+20코) { 2단평, 2−1−20, 단 코 회

◎ = 1(2코)
● = 2(3코)

요크의 줄임코 (M 사이즈, 변형 1)

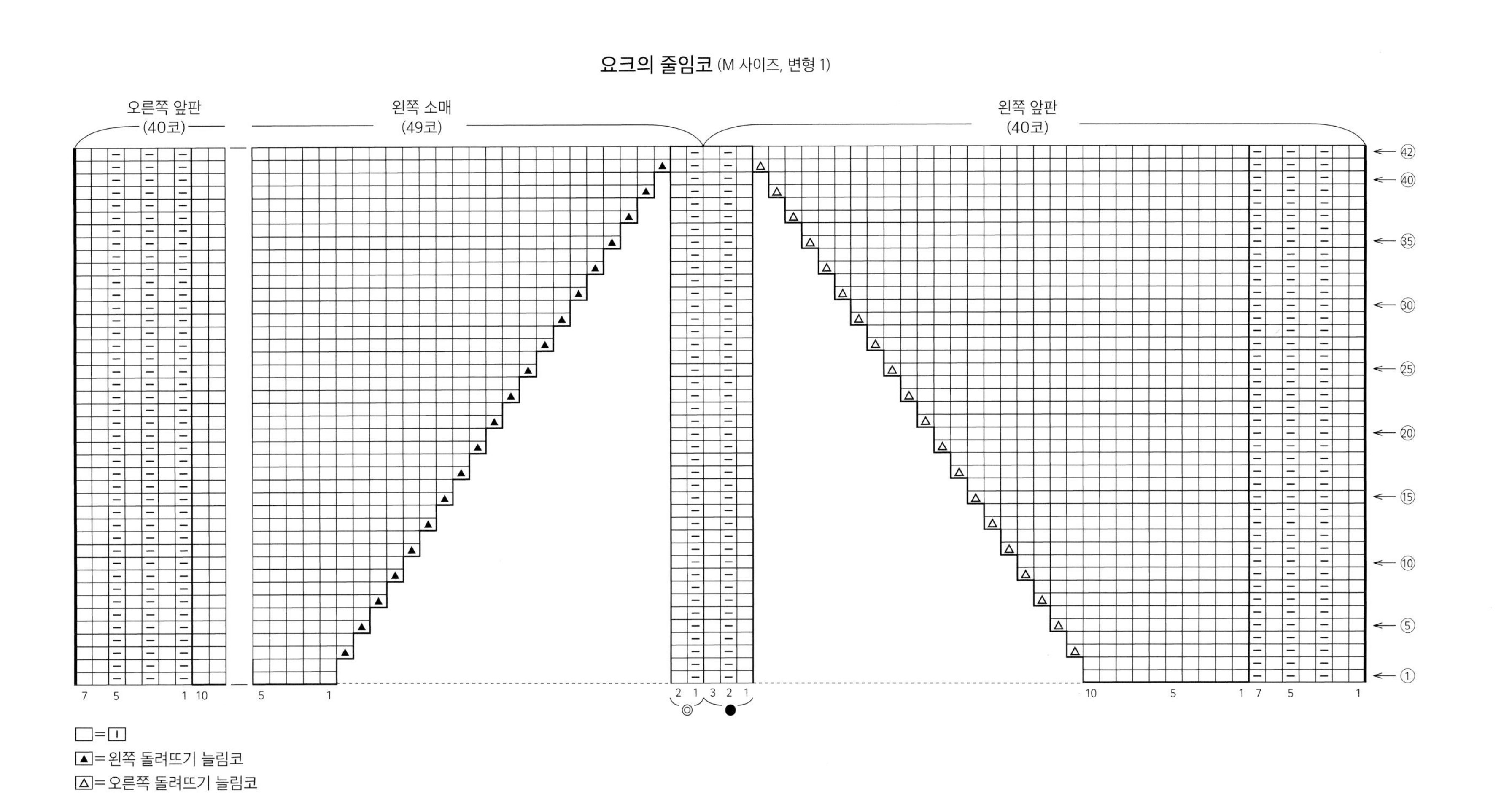

□=Ⅰ

▲=왼쪽 돌려뜨기 늘림코

△=오른쪽 돌려뜨기 늘림코

톱다운 둥근 요크 스웨터 

※변형 스와치 P.51

재료와 도구

퍼피 브리티시 에로이카 그레이(173) M: 175g 4볼 L: 180g 4볼
유리카 모헤어 그레이시핑크(311) M: 155g 4볼 L: 165g 5볼
변형: 퍼피 셰틀랜드 그레이(44) 90g 3볼, 키드 모헤어 파인 그레이시핑크(3) 70g 3볼
M·L: 대바늘 8호 · 6호
변형: 대바늘 6호 · 4호

완성 사이즈

M: 가슴둘레 108cm 착장 58.5cm 화장 72cm
L: 가슴둘레 114cm 착장 58.5cm 화장 72cm
변형: 가슴둘레 90cm 옷기장 47cm 화장 58.5cm

게이지(10×10cm)

M · L: 메리야스뜨기 15코×20단
줄무늬 무늬뜨기 15코×24.5단
변형: 메리야스뜨기 18코×26단
줄무늬 무늬뜨기 18코×29.5단

뜨는 법 포인트

● 손가락에 실을 걸어서 기초코를 만들어 뜨기 시작해 목둘레를 1코 고무뜨기로 원형으로 뜹니다. 이어서 요크를 줄무늬 무늬뜨기로 뜹니다. 분산 늘림코는 도안을 참고하세요. 뒤판에 왕복하며 6단을 더 떠서 앞뒤 차이를 둡니다. 요크와 거싯의 별도 사슬 기초코에서 코를 주워 앞뒤 몸판을 이어서 메리야스뜨기와 1코 고무뜨기로 원형으로 뜹니다. 뜨개 끝은 1코 고무뜨기 코막음을 합니다. 소매는 거싯의 별도 사슬을 푼 코, 앞뒤 차가 있는 부분, 요크의 쉼코에서 코를 주워 메리야스뜨기와 1코 고무뜨기로 원형으로 뜹니다. 소매 밑선의 줄임코는 도안을 참고하세요. 뜨개 끝은 밑단처럼 정리합니다.

M · L 사이즈

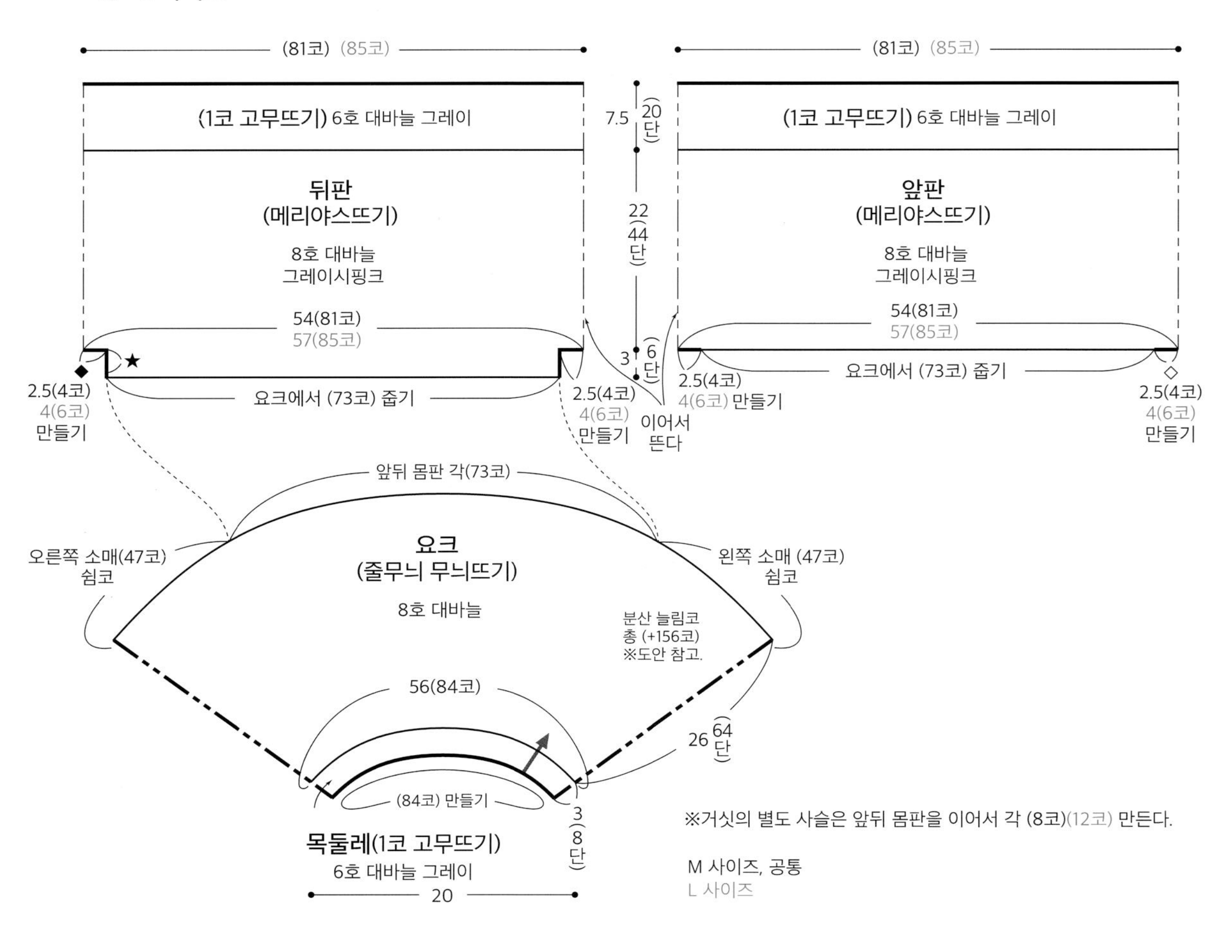

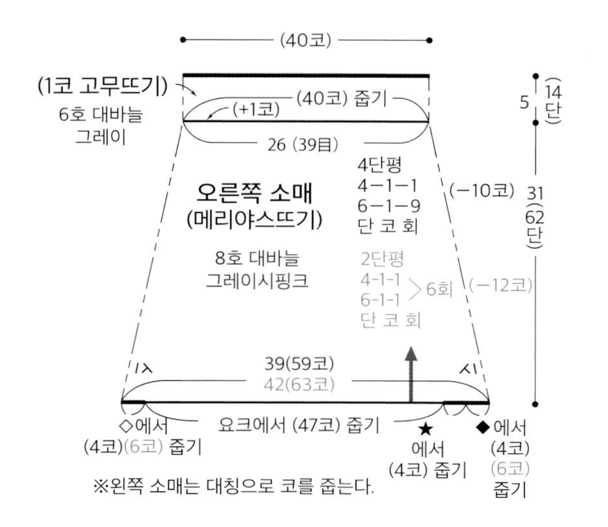

소매 밑선의 줄임코

(M 사이즈 · 변형)

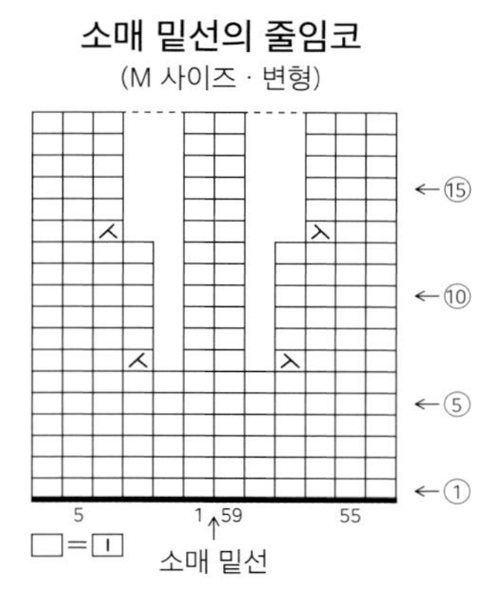

1코 고무뜨기

(목둘레, 밑단, 소맷부리)

거싯 (왼쪽 옆선) (M 사이즈 · 변형)

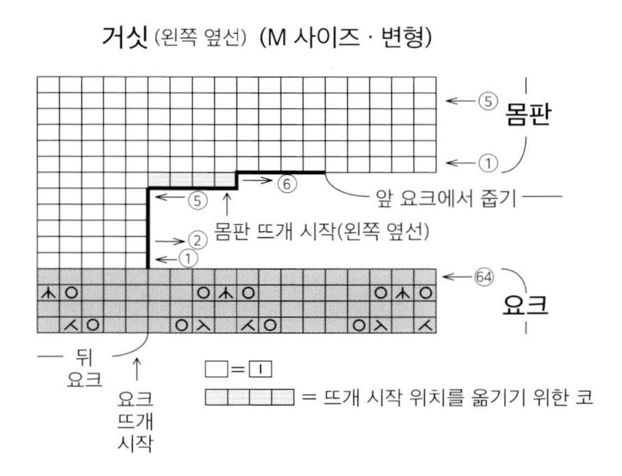

다음 페이지에 계속

변형

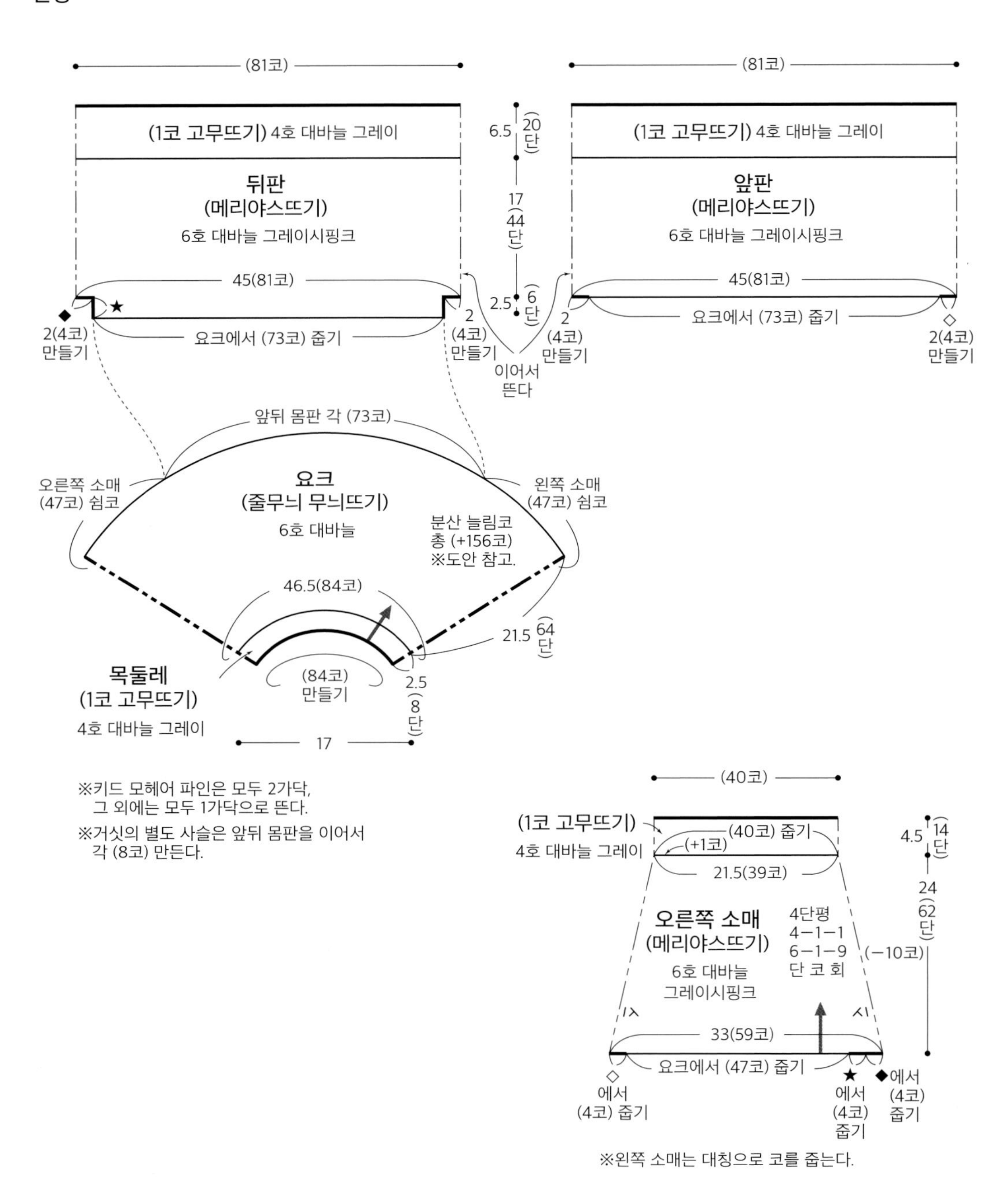

※키드 모헤어 파인은 모두 2가닥,
그 외에는 모두 1가닥으로 뜬다.

※거싯의 별도 사슬은 앞뒤 몸판을 이어서
각 (8코) 만든다.

※왼쪽 소매는 대칭으로 코를 줍는다.

요크의 분산 늘림코

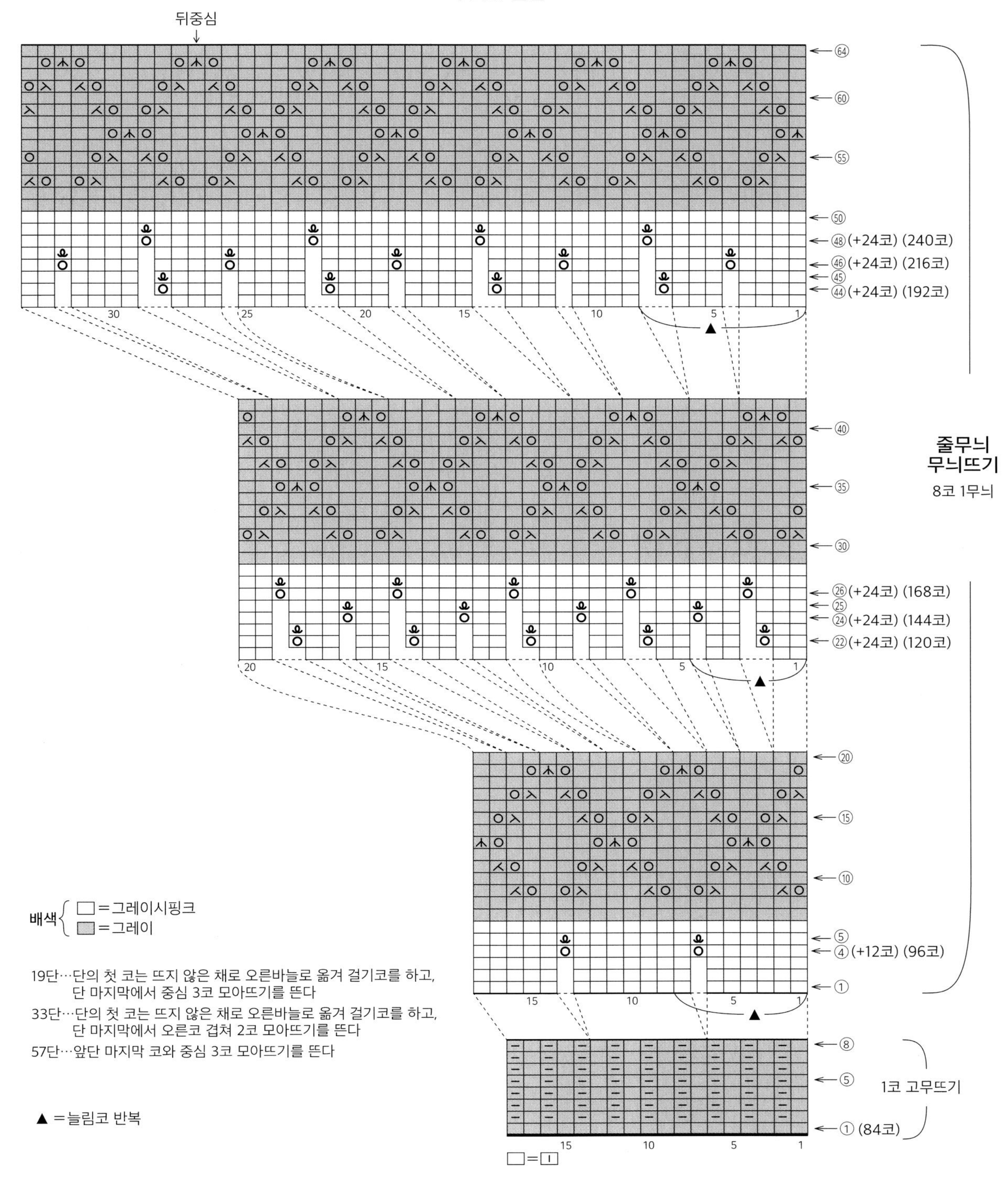

뒤중심
64
60
55
50
48(+24코) (240코)
46(+24코) (216코)
45
44(+24코) (192코)
40
35
30
26(+24코) (168코)
25
24(+24코) (144코)
22(+24코) (120코)
20
15
10
5
4(+12코) (96코)
1
8
1 (84코)
줄무늬
무늬뜨기
8코 1무늬
1코 고무뜨기
배색 □=그레이시핑크
■=그레이
19단…단의 첫 코는 뜨지 않은 채로 오른바늘로 옮겨 걸기코를 하고,
단 마지막에서 중심 3코 모아뜨기를 뜬다
33단…단의 첫 코는 뜨지 않은 채로 오른바늘로 옮겨 걸기코를 하고,
단 마지막에서 오른코 겹쳐 2코 모아뜨기를 뜬다
57단…앞단 마지막 코와 중심 3코 모아뜨기를 뜬다
▲=늘림코 반복

보텀업 둥근 요크 스웨터 ▶ 

※변형 스와치 P.51

재료와 도구

퍼피 브리티시 에로이카
갈색(161) M: 345g 7볼 XL: 380g 8볼
연베이지(134) M: 165g 4볼 XL: 185g 4볼
철흑색(205) M: 90g 2볼 XL: 100g 2볼
그레이(120) M: 35g 1볼 XL: 40g 1볼
대바늘 10호 · 9호 · 8호

완성 사이즈

M: 가슴둘레 104cm 착장 62.5cm 화장 81cm
XL: 가슴둘레 112cm 착장 62.5cm 화장 81.5cm

게이지(10×10cm)

메리야스뜨기 20코×22.5단 / 배색무늬 A · B 20코×20단

뜨는 법 포인트

● 몸판, 소매…손가락에 실을 걸어서 기초코를 만들어 뜨기 시작해 1코 고무뜨기, 배색무늬 A, 메리야스뜨기로 원형으로 뜹니다. 배색무늬는 실을 가로로 걸치는 방법으로 뜹니다. 뒤판에 왕복하며 8단을 더 떠서 앞뒤 차이를 둡니다. 소매 밑선의 늘림코는 돌려뜨기 늘림코를 합니다.

● 요크…몸판과 소매에서 코를 주워 도안을 참고해 배색무늬 B로 분산 줄임코를 하면서 뜹니다. 이어서 목둘레를 1코 고무뜨기로 뜨고 뜨개 끝은 덮어씌워 코막음합니다. 목둘레를 안으로 접어 감칩니다.

● 마무리…거싯 부분은 맞춤 표시끼리 메리야스 잇기 또는 코와 단 잇기를 합니다.

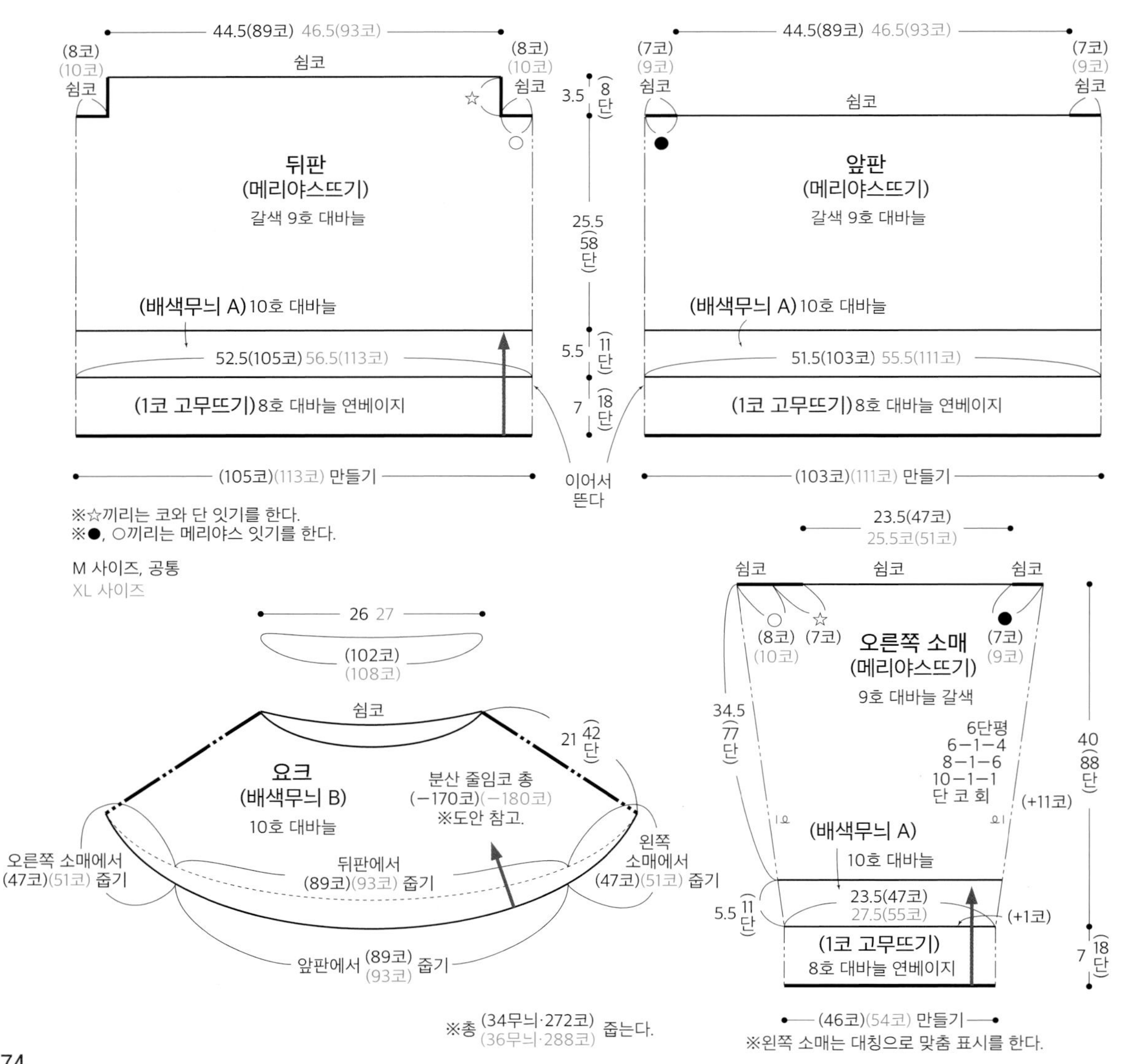

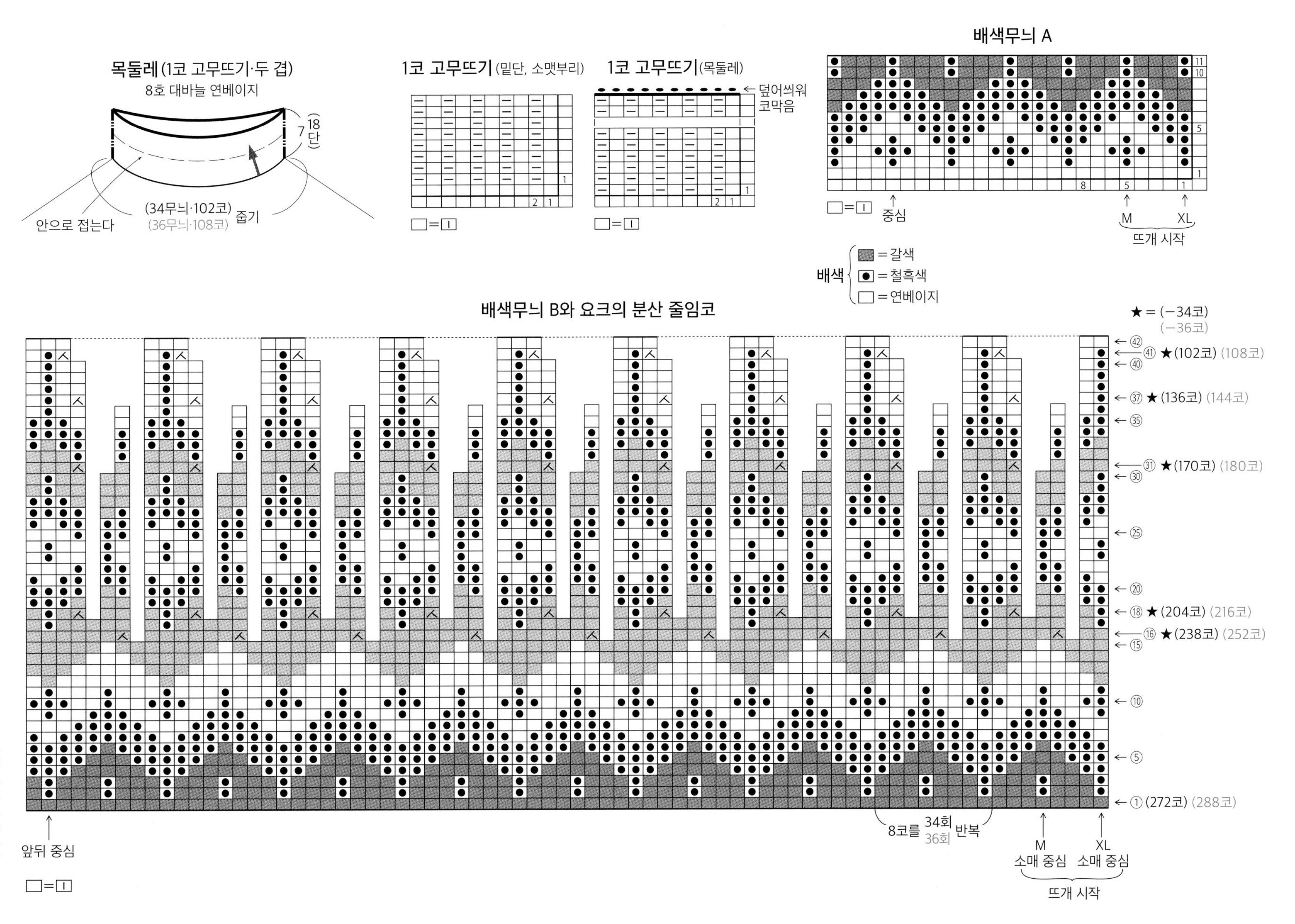

목둘레(1코 고무뜨기·두 겹)
8호 대바늘 연베이지
7(18단)
안으로 접는다
(34무늬·102코)
(36무늬·108코)
줍기
1코 고무뜨기(밑단, 소맷부리)
□=Ⅰ
1코 고무뜨기(목둘레)
덮어씌워 코막음
□=Ⅰ
배색무늬 A
중심
M
XL
뜨개 시작
□=Ⅰ
배색
=갈색
=철흑색
=연베이지
배색무늬 B와 요크의 분산 줄임코
★=(−34코)
(−36코)
㊶ ★(102코) (108코)
㊲ ★(136코) (144코)
㉛ ★(170코) (180코)
⑱ ★(204코) (216코)
⑯ ★(238코) (252코)
① (272코) (288코)
앞뒤 중심
8코를 34회 36회 반복
M 소매 중심
XL 소매 중심
뜨개 시작
□=Ⅰ

다음 페이지에 계속

오른쪽 소매의 늘림코

왼쪽 소매의 늘림코

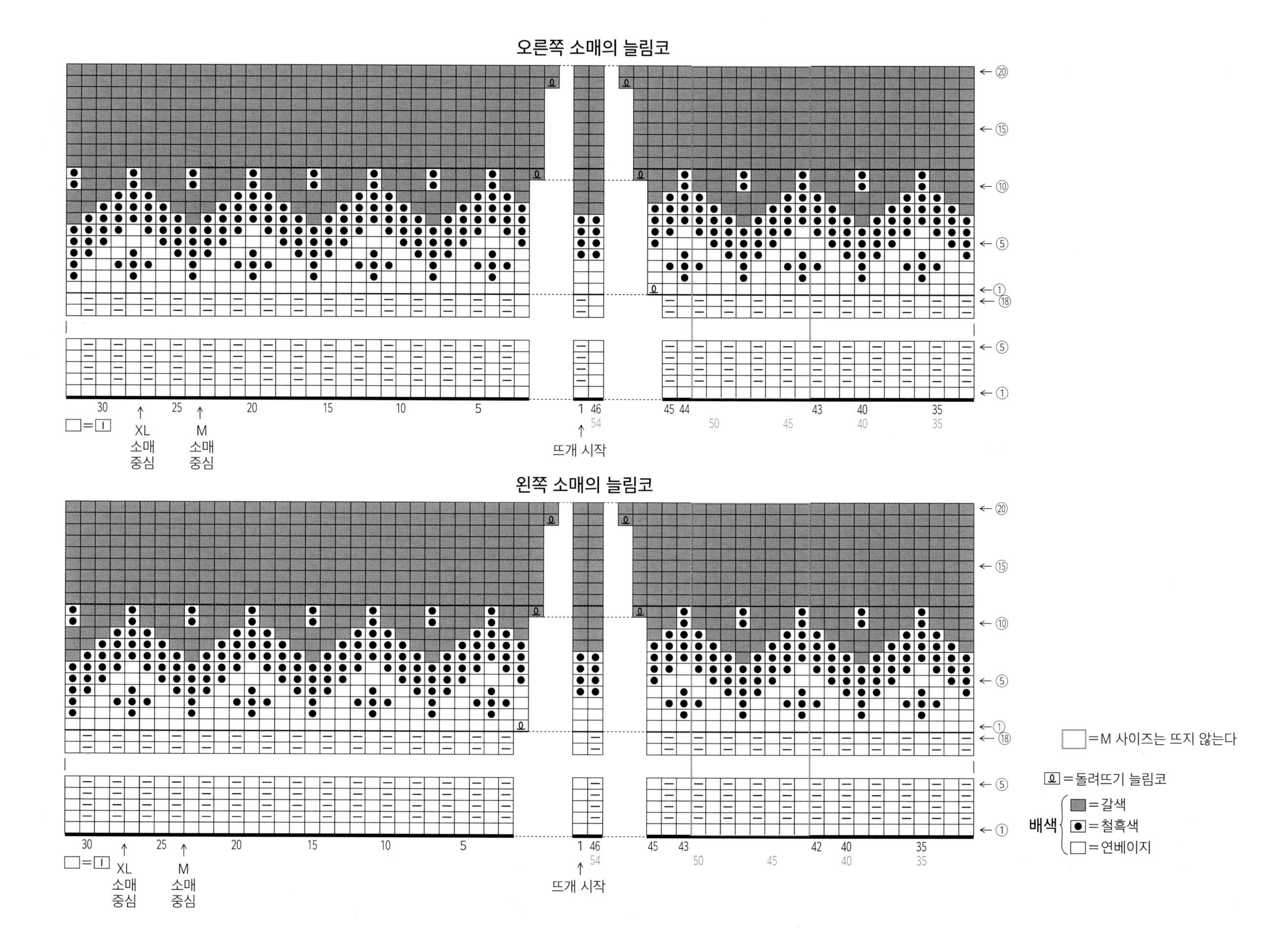

대바늘뜨기의 기초

기본 뜨개법

이 책의 작품에 사용한 기법입니다.
톱 페이지(일본어 사이트)에서는 스웨터를 뜰 때 유용한 뜨개의 기초 지식과 기본적인 기법을 볼 수 있습니다.

기본 뜨개법(톱 페이지)
https://amimono.me/article/series.html?id=43

손가락에 실을 걸어서 기초코 만들기
https://amimono.me/article/detail.html?id=157

별도 사슬로 기초코 만들기
https://amimono.me/article/detail.html?id=158

덮어씌워 코막음
https://amimono.me/article/detail.html?id=216

돌려뜨기 늘림코
https://amimono.me/article/detail.html?id=237

실을 가로로 걸치는 배색무늬
https://amimono.me/article/detail.html?id=312

이 책에 나오는 뜨개 기호

이 책의 작품과 편물에 사용한 뜨개 기호를 뜨는 방법입니다.
똑같은 기호가 없을 때는 가까운 기호를 참고로 실었으니 응용해서 뜨세요.

기본 뜨개 기호(톱 페이지)
https://amimono.me/article/series.html?id=37

겉뜨기
https://amimono.me/article/detail.html?id=148

안뜨기
https://amimono.me/article/detail.html?id=149

걸기코
https://amimono.me/article/detail.html?id=150

돌려뜨기
https://amimono.me/article/detail.html?id=151

감아코
https://amimono.me/article/detail.html?id=319

오른코 겹쳐 2코 모아뜨기
https://amimono.me/article/detail.html?id=153

왼코 겹쳐 2코 모아뜨기
https://amimono.me/article/detail.html?id=155

중심 3코 모아뜨기
https://amimono.me/article/detail.html?id=221

오른코 겹쳐 3코 모아뜨기
https://amimono.me/article/detail.html?id=247

왼코 겹쳐 3코 모아뜨기
https://amimono.me/article/detail.html?id=388

오른코 교차뜨기
https://amimono.me/article/detail.html?id=361

왼코 교차뜨기
https://amimono.me/article/detail.html?id=362

오른코 위 2코 교차뜨기
https://amimono.me/article/detail.html?id=371

왼코 위 2코 교차뜨기
https://amimono.me/article/detail.html?id=372

〔참고〕
한길 긴뜨기 2코 구슬뜨기
https://amimono.me/article/detail.html?id=379

〔참고〕
3코 3단 구슬뜨기(중심 3코 모아뜨기)
https://amimono.me/article/detail.html?id=377

〔참고〕
3코 만들기 =
https://amimono.me/article/detail.html?id=424

사이즈 정하는 법 표준 사이즈와 뜨는 사이즈

자신(또는 스웨터를 입는 사람)의 사이즈를 실제로 재봅시다.
필요한 부분은 가슴둘레·어깨너비·소매길이 3곳입니다. 옷기장은 원하는 대로 정합니다.
본인 몸(=누드 치수)이나 가지고 있는 입기 편한 스웨터(또는 트레이닝복 등)로 측정합니다.
가지고 있는 옷으로 잴 때는 누드 치수+여유분(디자인)이 됩니다. P.9도 참고하세요.
뜨고 싶은 패턴의 완성 치수와 입는 사람의 사이즈를 비교해 어디를 조정하면 좋을지 생각해보세요.

여성 ※XL은 L보다 2~6cm 크게, XS는 S보다 2~6cm 작게 너비를 조정합니다.

(단위=cm)

		S	M	L	입는 사람의 사이즈	일반적인 여유분	입는 사람의 사이즈+여유분
표준 누드 치수	키	148~154	155~162	163~169			
	가슴둘레	76~80	80~84	84~88		8~24	
	1/2가슴둘레	38~40	40~42	42~44		4~12	
	어깨너비	33~35	35~37	37~39		1~5	
	소매길이	48~50	50~52	52~54		0~3	
		S	M	L	선택한 디자인	가지고 있는 편한 옷	뜨는 사이즈
일반적인 스웨터	옷기장	50~57	52~59	53~60			
	품(1/2 가슴둘레+여유분)	44~52	46~54	48~56			
	어깨너비	34~38	36~40	38~42			
	소매길이	48~51	50~53	52~55			
	화장	68~70	70~73	73~75			

남성

(단위=cm)

		S	M	L	입는 사람의 사이즈	일반적인 여유분	입는 사람의 사이즈+여유분
표준 누드 치수	키	158~165	166~177	178~185			
	가슴둘레	82~88	88~94	94~98		10~24	
	1/2가슴둘레	41~44	44~47	47~49		5~12	
	어깨너비	40~41	41~43	43~44		1~5	
	소매길이	56~57	57~59	59~61		0~3	
		S	M	L	선택한 디자인	가지고 있는 편한 옷	뜨는 사이즈
일반적인 스웨터	옷기장	60~65	62~67	65~70			
	품(1/2 가슴둘레+여유분)	49~56	51~58	53~60			
	어깨너비	41~45	43~47	45~49			
	소매길이	53~56	55~58	57~60			
	화장	77~78	78~81	81~84			

80~100(아기)

(단위=cm)

		80 (아기)	90 (1~2세)	100 (3~4세)	입는 사람의 사이즈	일반적인 여유분	입는 사람의 사이즈+여유분
표준 누드 치수	키	75~85	85~95	95~105			
	가슴둘레	46~48	50~52	54~56		8~12	
	1/2가슴둘레	23~24	25~26	27~28		4~6	
	어깨너비	20	22	24		0~1	
	소매길이	20~22	24	28		0~2	
		80 (아기)	90 (1~2세)	100 (3~4세)	선택한 디자인	가지고 있는 편한 옷	뜨는 사이즈
일반적인 스웨터	옷기장	26~30	27~31	30~34			
	품(1/2 가슴둘레+여유분)	27~30	29~32	31~34			
	어깨너비	20~21	22~23	24~25			
	소매길이	20~24	24~26	28~30			
	화장	30~34	35~37	40~43			

아이 110~130(토들러)

(단위=cm)

		110 (4~5세)	120 (6~7세)	130 (8~9세)	입는 사람의 사이즈	일반적인 여유분	입는 사람의 사이즈+여유분
표준 누드 치수	키	105~115	115~125	125~135			
	가슴둘레	58~60	62~64	66~68		8~12	
	1/2가슴둘레	29~30	31~32	33~34		4~6	
	어깨너비	26	28	30		0~1	
	소매길이	32	36	40		0~2	
		110 (4~5세)	120 (6~7세)	130 (8~9세)	선택한 디자인	가지고 있는 편한 옷	뜨는 사이즈
일반적인 스웨터	옷기장	33~37	36~40	39~44			
	품(1/2 가슴둘레+여유분)	33~36	35~38	37~40			
	어깨너비	26~27	28~29	30~31			
	소매길이	32~34	36~38	40~42			
	화장	45~47	50~52	55~57			

아이 140~160(주니어)

(단위=cm)

		140 (10~11세)	150 (12~13세)	160 (14세)	입는 사람의 사이즈	일반적인 여유분	입는 사람의 사이즈+여유분
표준 누드 치수	키	135~145	145~155	155~165			
	가슴둘레	70~72	76~78	80~84		10~20	
	1/2가슴둘레	35~36	38~39	40~42		5~10	
	어깨너비	31	32	34		0~1	
	소매길이	44	46	48		0~3	
		140 (10~11세)	150 (12~13세)	160 (14세)	선택한 디자인	가지고 있는 편한 옷	뜨는 사이즈
일반적인 스웨터	옷기장	42~48	45~51	53~60			
	품(1/2 가슴둘레+여유분)	40~46	43~49	45~52			
	어깨너비	31~32	32~33	34~38			
	소매길이	48~51	50~53	52~55			
	화장	68~70	70~73	70~75			

작품 디자인 오쿠즈미 레이코, 바람공방

Staff
커버 · 북디자인/요코치 아야코(프레이즈)
촬영/시라이 유카리
스타일링/니시모리 메구미
일러스트/고이케 유리호
제작 협력/하야시 히로미, 구리하라 지에코
편집 협력/나카야마 사에, 오쿠즈미 레이코, 다카하시 레이코, 아라키 게이코, 다카야마 가나, 구리하라 지에코, 무라모토 가오리, 요시에 마미, 후루야마 가오리, 스즈키 히로코, 소가 게이코
편집/아리마 마리아

재료 제공
주식회사 다이도 포워드(퍼피) http://www.puppyarn.com
하마나카 주식회사 http://hamanaka.co.jp
요코타 주식회사(DARUMA) http://www.daruma-ito.co.jp/

촬영 협력 AWABEES

누구나 알기 쉬운
대바늘 니트 사이즈 조정 핸드북

1판 1쇄 인쇄 | 2024년 10월 16일
1판 1쇄 발행 | 2024년 10월 23일

지은이 일본보그사 편
옮긴이 배혜영
펴낸이 김기옥

실용본부장 박재성
편집 실용2팀 이나리, 장윤선
마케터 이지수
지원 고광현, 김형식

디자인 부가트디자인
인쇄·제본 민언프린텍

펴낸곳 한스미디어(한즈미디어(주))
주소 04037 서울시 마포구 양화로 11길 13(서교동, 강원빌딩 5층)
전화 02-707-0337 | **팩스** 02-707-0198 | **홈페이지** www.hansmedia.com
출판신고번호 제 313-2003-227호 | **신고일자** 2003년 6월 25일

ISBN 979-11-93712-56-6 (13590)

옮긴이 배혜영
성신여자대학교 일어일문학과를 졸업했다. 출판사 편집자로 일하고 일본 어학연수 후 바른번역 아카데미의 일본어 번역가 과정을 수료했다. 지금은 출판번역 회사 바른번역의 회원으로 활동하고 있다.
옮긴 책으로는 『유러피안 클래식 손뜨개』, 『쉽게 배우는 코바늘 손뜨개 무늬 123』, 『쉽게 배우는 대바늘 손뜨개 무늬 125』, 『쉽게 배우는 손바느질의 기초』, 『북유럽 스타일 자연주의 손뜨개』, 『남자 니트』 등이 있다.

한스미디어의
수예 & 핸드메이드 도서

베스트 뜨개 & 핸드메이드 매거진 **털실타래 Vol.1~5**
일본보그사 편 | 각 22,000원

 코바늘 손뜨개

쉽게 배우는
새로운 코바늘 손뜨개의 기초
일본보그사 저 | 김현영 역
153쪽 | 18,000원

쉽게 배우는
새로운 코바늘 손뜨개의 기초 실전편
일본보그사 저 | 이은정 역
136쪽 | 16,500원

쉽게 배우는
코바늘 손뜨개 무늬 123
일본보그사 저 | 배혜영 역
111쪽 | 15,000원

쉽게 배우는
모티브 뜨기의 기초
일본보그사 저 | 강수현 역
112쪽 | 15,000원

실을 끊지 않는
코바늘 연속 모티브 패턴집
일본 보그사 저 | 강수현 역
112쪽 | 18,000원

실을 끊지 않는
코바늘 연속 모티브 패턴집 II
일본 보그사 저 | 강수현 역
112쪽 | 18,000원

매일매일 뜨개 가방
최미희 저 | 200쪽 | 20,000원

손뜨개꽃길의
사계절 코바늘 플라워
박경조 저 | 244쪽 | 22,000원

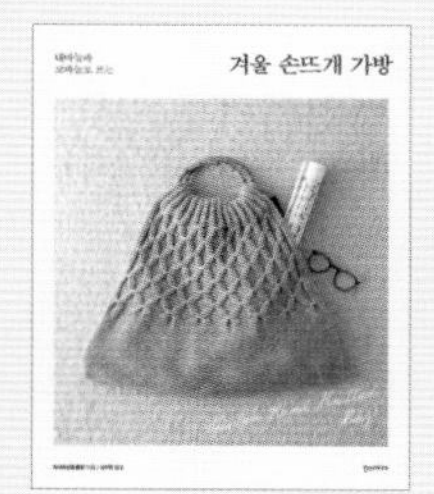

대바늘과 코바늘로 뜨는
겨울 손뜨개 가방
아사히신문출판 저 | 강수현 역
80쪽 | 13,000원

플라워&가드닝

꽃집에서 인기 있는 꽃 469종
꽃도감
방현희 역 | 몽소 플뢰르 감수
288쪽 | 22,000원

케이라플레르 플라워 코스
김애진 저
288쪽 | 32,000원

플라워 컴 투 라이프
김신정 저
328쪽 | 16,800원

플라워 컴 홈
김신정 저 | 296쪽
16,500원

마이 디어 플라워
주예슬 저 | 284쪽
16,500원

사계절을 즐기는 꽃꽂이
다니 마사코 저 | 방현희 역
208쪽 | 18,000원

플로렛 농장의
컷 플라워 가든
에린 벤자킨, 줄리 차이 저
정수진 역 | 미셸 M. 웨이트 사진
32,000원

처음 시작하는
구근식물 가드닝
마쓰다 유키히로 저 | 방현희 역
208쪽 | 22,000원

대바늘 손뜨개

쉽게 배우는
새로운 대바늘 손뜨개의 기초
일본보그사 저 | 김현영 역
160쪽 | 18,000원

마마랜스의 일상 니트
이하니 저
200쪽 | 22,000원

니팅테이블의
대바늘 손뜨개 레슨
이윤지 저
176쪽 | 18,000원

그린도토리의
숲속 동물 손뜨개
명주현 저
228쪽 | 18,000원

바람공방의 마음에 드는 니트
바람공방 저 | 남궁가윤 역
96쪽 | 16,800원

유러피안 클래식 손뜨개
효도 요시코 저 | 배혜영 역
120쪽 | 15,000원

매일 입고 싶은
남자 니트
일본보그사 저 | 강수현 역
96쪽 | 14,000원

M·L·XL 사이즈로 뜨는
남자 니트
리틀 버드 저 | 배혜영 역
116쪽 | 15,000원

52주의 뜨개 양말
레인 저 | 서효령 역
256쪽 | 29,800원

52주의 숄
레인 저 | 조진경 역
272쪽 | 33,000원

쿠튀르 니트
대바늘 손뜨개 패턴집 260
시다 히토미 저 | 남궁가윤 역
136쪽 | 20,000원

쿠튀르 니트
대바늘 니트 패턴집 250
시다 히토미 저 | 남궁가윤 역
144쪽 | 20,000원

대바늘 비침무늬 패턴집 280
일본보그사 저 | 남궁가윤 역
144쪽 | 20,000원

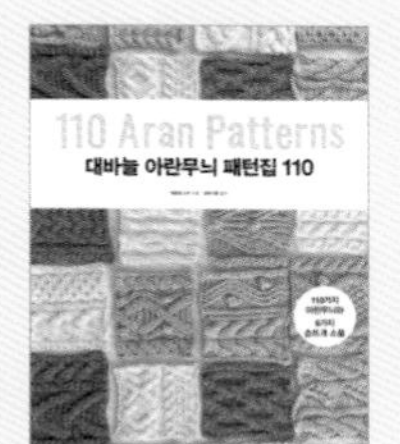

대바늘 아란무늬 패턴집 110
일본보그사 저 | 남궁가윤 역
112쪽 | 20,000원

쉽게 배우는
대바늘 손뜨개 무늬 125
일본보그사 저 | 배혜영 역
128쪽 | 15,000원

DIY

짜루의
핸드메이드 인형 만들기
짜루(최정혜) 저
132쪽 | 14,000원

투명한
보석비누 교과서
키노시타 카즈미 저 | 문혜원 역
112쪽 | 14,000원

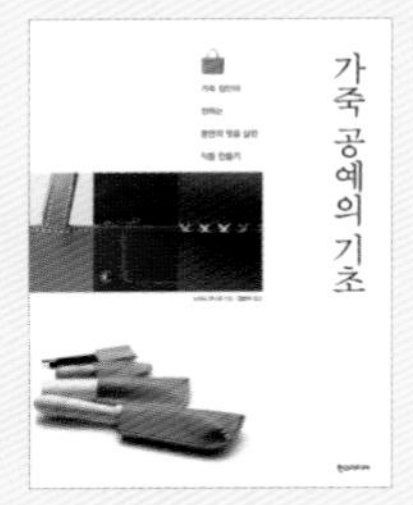

가죽공예의 기초
노타니 구니코 저 | 정은미 역
116쪽 | 18,000원

종이로 꾸미는 공간
종이 인테리어 소품
김은주, 방경희, 이정은 저
208쪽 | 16,500원

야생화 페이퍼
플라워 43
야마모토 에미코 저 | 이지혜 역
144쪽 | 15,000원

나무로 만든 그릇
니시카와 타카아키 저
송혜진 역 | 268쪽
16,000원

쉽게 배우는
목공 DIY의 기초
두파! 편 | 김남미 역
144쪽 | 16,500원

쉽게 배우는
간단 목공 작품 100
두파! 편 | 박재영 역
132쪽 | 16,500원

마크라메 매듭 디자인
마쓰다 사와 저 | 배혜영 역
100쪽 | 14,000원

82 매듭 대백과
일본부티크사 저 | 황세정 역
172쪽 | 14,000원

아이와 아빠가 함께 접는
신나는 종이접기
박은경, 고이녀, 조은주, 송미령 저
168쪽 | 15,000원

엄마와 아이가 함께 접는
행복한 종이접기
김남희, 김향규, 윤선옥, 이명신 저
240쪽 | 15,000원

아이와 엄마가 함께 만드는
행복한 종이아트
김준섭, 길명숙, 송영지 저
162쪽 | 15,000원

자수

달눈의
레트로 감성 자수
노지혜 저
208쪽 | 18,000원

하란의
보태니컬 세밀화 자수
김은아 저
220쪽 | 18,000원

나의 꽃 자수 시간
정지원 저
276쪽 | 19,800원

처음 배우는
우리 꽃 자수
정지원 저
236쪽 | 16,800원

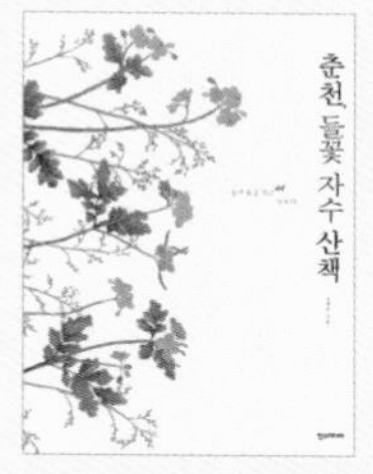

춘천, 들꽃 자수 산책
김예진 저
272쪽 | 18,000원

춘천, 사계절 꽃자수
김예진 저
128쪽 | 16,000원

자수 스티치의 기본
아틀리에 Fil 저 | 강수현 역
132쪽 | 15,000원

쉽게 배우는
리본 자수의 기초
오구라 유키코 저 | 강수현 역
112쪽 | 16,500원

히구치 유미코의
자수 시간
히구치 유미코 저 | 강수현 역
헬렌정 감수 | 96쪽
18,000원

히구치 유미코의
동물 자수
히구치 유미코 저
배혜영 역 | 헬렌정 감수
96쪽 | 16,800원

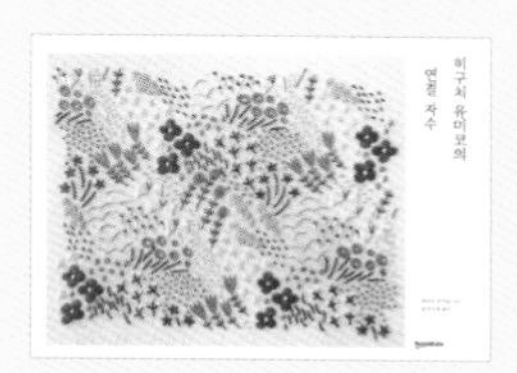

히구치 유미코의
연결 자수
히구치 유미코 저
남궁가윤 역 | 102쪽 | 16,800원

히구치 유미코의
사계절 자수
히구치 유미코 저
김수연 역 | 헬렌정 감수
96쪽 | 18,000원

히구치 유미코의
즐거운 울 자수
히구치 유미코 저 | 배혜영 역
72쪽 | 16,800원

소잉

쉽게 배우는
새로운 재봉틀의 기초
사카우치 쿄코 저 | 김수연 역
140쪽 | 18,000원

픽셀클로젯의
말랑말랑 솜인형 옷 만들기
픽셀클로젯 저
176쪽 | 22,000원

사이다의 핸드메이드 드레스 레슨
사이다 저 | 208쪽
25,000원

셔츠 & 블라우스 기본 패턴집
노기 요코 저 | 남궁가윤 역
108쪽 | 20,000원

원피스 기본 패턴집
노기 요코 저 | 남궁가윤 역
108쪽 | 20,000원

스커트 & 팬츠 기본 패턴집
노기 요코 저 | 남궁가윤 역
104쪽 | 20,000원

쉽게 배우는
지퍼 책
일본보그사 저 | 남궁가윤 역
108쪽 | 13,000원

매일매일 입고 싶은
심플 데일리 키즈룩
가타가이 유키 저
남궁가윤 역 | 112쪽
18,000원

패턴부터 남다른
우리 아이 옷 만들기
가타가이 유키 저 | 송혜진 역
134쪽 | 16,500원

재봉틀로 쉽게 만드는
블라우스, 스커트&팬츠 스타일 북
노나카 게이코, 스기야마 요코 저
이은정 역 | 90쪽 | 13,000원

재봉틀로 쉽게 만드는
원피스 스타일 북
노나카 게이코, 스기야마 요코 저
이은정 역 | 크래프트 하우스 감수
88쪽 | 13,000원

재봉틀로 쉽게 만드는
아우터 & 탑 스타일 북
스기야마 요코, 노나카 게이코 저
| 김나영 역 | 76쪽
13,000원